工业和信息化部"十四五"规划教材

职业教育机电类
系列教材

液压传动与气动

微课版

U0220206

王丽芬 赵玉 / 主编

齐素慈 王红光 支建庄 桑雄卫 / 副主编

张晓娜 / 主审

ELECTROMECHANICAL

人民邮电出版社
北京

图书在版编目（CIP）数据

液压传动与气动：微课版 / 王丽芬，赵玉主编. --
北京：人民邮电出版社，2024.6
职业教育机电类系列教材
ISBN 978-7-115-63198-5

Ⅰ．①液… Ⅱ．①王… ②赵… Ⅲ．①液压传动－高
等职业教育－教材②气压传动－高等职业教育－教材
Ⅳ．①TH137②TH138

中国国家版本馆CIP数据核字(2023)第226151号

内 容 提 要

本书结合多个实际案例，介绍液压传动与气动系统的识读、分析、组装与调试。本书共 10 个项目，包括：液压传动与气动的初步认识、液压动力元件的认识、液压执行元件的认识、液压控制元件的认识、液压辅助元件的认识、液压回路的分析与装调、典型液压系统的分析与装调、气动元件的认识、气动回路的分析与装调、气动系统的分析。本书本着"知识够用、突出实践"的原则，依托液压实训台和 FluidSIM 仿真软件，开发了 20 个技能训练，分布于不同项目中，以切实提高学生的知识应用能力和综合素养。

本书既可作为职业院校机械、机电相关专业的教材，也可供相关领域的工程技术人员参考。

◆ 主　　编　王丽芬　赵　玉

　　副 主 编　齐素慈　王红光　支建庄　桑雄卫

　　主　　审　张晓娜

　　责任编辑　王丽美

　　责任印制　王　郁　焦志炜

◆ 人民邮电出版社出版发行　　北京市丰台区成寿寺路 11 号

　　邮编　100164　电子邮件　315@ptpress.com.cn

　　网址　https://www.ptpress.com.cn

　　北京市艺辉印刷有限公司印刷

◆ 开本：787×1092　1/16

　　印张：11.75　　　　　　　　　　2024 年 6 月第 1 版

　　字数：324 千字　　　　　　　　2024 年 6 月北京第 1 次印刷

定价：56.00 元（附小册子）

读者服务热线：(010)81055256　印装质量热线：(010)81055316
反盗版热线：(010)81055315
广告经营许可证：京东市监广登字 20170147 号

前言

编写背景

　　液压传动与气动技术历经多年发展，已经广泛应用于社会生产的各个领域。在各个行业面临数字化、智能化转型的今天，新型液压传动与气动元件不断涌现，液压传动与气动技术的应用范围也进一步拓展。编者在经过大量企业调研、收集众多行业案例的基础上，充分考虑职业教育学生的特点，加强教学内容与实际案例的融合，加大项目的实践力度，力求实现工学结合、教学做一体化，全面提高学生综合能力。

本书特色

　　本书在编写过程中重点突出以下特点。

　　1. 校企合作，构建双元团队。以具有多年课程教学经验、掌握先进教学设计理念的教师为基础，并吸纳知名企业资深技术人员作为本书编写团队成员，保证内容的实用性与先进性。

　　2. 落实立德树人，精选素质培养融合型工程案例。本书全面贯彻党的二十大精神，在"项目知识学习"的"问题引入"环节，采用融合了素质培养元素的实际工程案例，以引发学生思考。

　　3. 理实一体，突出实践。每个项目包含 4 个环节：项目信息→项目知识学习→项目技能训练→项目拓展与自测。所有技能训练集中起来单独成册，便于学生单次使用及教师实时评价。

　　4. 配套资源丰富，拓展"学习时空"。本书配备多个微课视频，以二维码的形式插入书中，可供学生课上、课下随时观看。

教学建议

　　在使用本书时可参照下表进行学时安排，也可在此基础上根据实际情况进行调整。

项目序号	项目名称	建议学时
项目 1	液压传动与气动的初步认识	4
项目 2	液压动力元件的认识	4
项目 3	液压执行元件的认识	4
项目 4	液压控制元件的认识	8
项目 5	液压辅助元件的认识	2
项目 6	液压回路的分析与装调	12
项目 7	典型液压系统的分析与装调	4
项目 8	气动元件的认识	2
项目 9	气动回路的分析与装调	4
项目 10	气动系统的分析	4
合计		48

配套资源及获取方式

除了以二维码形式在书中插入的微课视频，本书还提供 PPT 课件、教案、习题答案等教学资源，读者可登录人邮教育社区（www.ryjiaoyu.com）下载。

编写说明

本书由河北工业职业技术大学的王丽芬、赵玉担任主编，河北工业职业技术大学的齐素慈、王红光、支建庄和石家庄钢铁有限责任公司的桑雄卫担任副主编，河北工业职业技术大学的刘杰、张军翠、郭艳飞、刘媛媛及河北鑫达钢铁集团有限公司的王学超参与编写，张晓娜担任主审。全书由赵玉负责统稿。

由于编者水平有限，书中若有不妥之处，敬请广大读者批评指正。

编　者

2023 年 10 月

目录

液压传动与气动的初步认识

••• **项目信息** •••

【项目概述】

从 17 世纪中叶法国人帕斯卡提出液体压力传递的基本定律算起,流体传动技术的发展已经有近 400 年的历史了。特别是近年来,随着机电一体化技术的发展,流体传动技术与微电子技术、计算机技术相结合,进入一个新的发展阶段,广泛应用于装备制造、冶金、汽车、化工、建筑及军事行业中。

液压传动与气压传动(气压传动简称气动)都属于流体传动,液压传动是以有压液体为工作介质来实现能量传递和控制的,气压传动是以压缩空气为工作介质来实现能量传递和控制的。将多个液压(气动)元件相互连接就可以组成不同功能的液压(气动)基本回路,再将若干个液压(气动)基本回路有机组合就能形成具有一定控制功能的液压(气压)传动系统,用于满足不同设备对各种运动和动力的需求。

【项目目标】

本项目的目标包括:①理解液压传动与气压传动原理;②知道液压传动系统与气压传动系统的组成;③掌握液压传动的工作介质与气压传动的工作介质的性质并能合理选用液压传动工作介质;④理解液压系统中压力的形成与传递原理;⑤理解液压系统中流量与流速的定义并掌握两者之间的关系;⑥理解流体连续性方程并能应用它解决实际问题;⑦理解伯努利方程;⑧知道能量损失的定义与分类;⑨理解液压冲击、空穴现象并知道如何预防;⑩增强民族自豪感;⑪注重身心健康。

••• **项目知识学习** •••

1.1 液压传动系统组成

【问题引入】

随着我国人民生活水平的不断提高,自驾游已成为人们假期的常见休闲方式。为应对旅途中汽车突然出现故障需要维修等问题，人们常常会在车上预备一个液压千斤顶。请思考以下问题。

（1）液压千斤顶是如何实现能量传递与转换的？

（2）一个完整的液压传动系统由哪些元件组成？这些元件分别起什么作用？

（3）如何正确表达液压传动系统？

1.1.1 液压传动原理及特点

1. 液压传动原理

以图1-1所示的液压千斤顶为例简要说明液压传动的原理。

液压千斤顶主要由手动液压泵、液压缸、控制阀、油箱、油管等组成。其中，手动液压泵由手柄1、泵体2、小活塞3、单向阀4和单向阀7等组成。小活塞3、单向阀4和单向阀7以及泵体2之间形成的连通空间为封闭空间。向上提起手柄1时，小活塞3随之向上移动，封闭空间容积增大，形成局部真空，油箱12中的油液在外界大气压的作用下，推开单向阀4进入泵体2中（此时单向阀7保持关闭状态）；向下压手柄1时，小活塞3随之向下移动，封闭空间容积减小，油压升高，油液推开单向阀7进入缸体9中，推动重物（W）向上移动。反复提压手柄1就可以实现重物不断升高。工作完毕，需要放下重物时，打开截止阀11，缸体9下腔的油液在自身重力及重物和大活塞的压力作用下经截止阀11流回油箱，重物随之下移。

液压千斤顶借助手柄的上下移动，将人力的机械能转换为液体的压力能，油液推动重物做提升运动，又将液体的压力能转换为机械能。

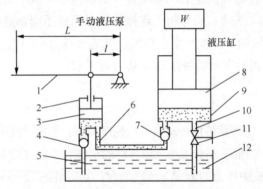

1—手柄　2—泵体　3—小活塞　4、7—单向阀　5、6、10—油管

8—大活塞　9—缸体　11—截止阀　12—油箱及液压油

图1-1　液压千斤顶的工作原理示意图

2. 液压传动特点

与机械传动、电气传动、气压传动相比，液压传动有如下特点。

（1）在同等输出功率下，液压传动装置具有体积小、重量轻、惯性小、动态性能好等特点。

（2）液压传动运动平稳，易实现快速启动、制动和频繁换向。

（3）在运行过程中可实现无级调速，调速范围大。

（4）液压传动装置的控制、调节比较简单，操纵比较方便、省力，易于实现自动化。

当机、电、液配合使用时，易于实现较复杂的自动工作循环。

（5）液压传动易于实现过载保护。

（6）液压传动是以液体为工作介质的，在相对运动表面间不可避免地存在泄漏，导致系统效率降低、污染环境。

（7）液压传动对油温的变化比较敏感，油温变化会影响运动的平稳性。

（8）液压传动在工作过程中有较多的能量损失，如摩擦损失、泄漏损失等，故不宜用于远距离传动。

（9）液压系统故障的诊断比较困难，因此维修人员既需要系统地掌握液压传动的理论知识，又需要具有一定的实践经验。

1.1.2 液压传动系统组成与表达

1. 液压传动系统组成

一个完整的液压传动系统通常由 5 部分组成，即动力元件、执行元件、控制元件、辅助元件和工作介质。

（1）动力元件：把原动机（如人力或电机）输入的机械能转换成液体的压力能的装置，如液压千斤顶中的手动液压泵。

（2）执行元件：把液体的压力能转换成机械能的装置，如液压千斤顶中的液压缸。

（3）控制元件：控制和调节系统中液体的压力、流量和流动方向的装置，如液压千斤顶中的单向阀、截止阀。

（4）辅助元件：保证系统正常工作所需的各种装置，如液压千斤顶中的油箱、油管等。

（5）工作介质：传递能量的液体，如液压千斤顶中的液压油。

2. 液压传动系统表达

液压传动系统（简称液压系统）的表达方式有两种：一种是结构原理图，如图1-2（a）所示；另一种是图形符号图，如图1-2（b）所示。结构原理图直观形象、易于理解，但图形复杂、不易绘制。所以，一般采用标准的图形符号来绘制液压系统图。这些图形符号只表示元件的职能、控制方式及外部连接口，不表示元件的具体结构、参数、安装位置及外部连接口的实际位置。

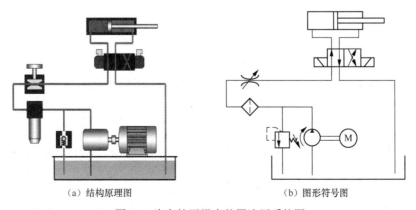

（a）结构原理图　　　　　　　　　（b）图形符号图

图1-2　汽车挤压报废装置液压系统图

1.2 液压油的选用与维护

当人体中的血液所含杂质过多时，就容易导致血液流动不畅、供血不足，进而诱发各种疾病。所以，为了保持身体健康，我们需要合理饮食、适当运动，保证血液处于正常状态。液压油就是液压系统的"血液"，它具有传递动力、润滑零件、冷却液压元件、带走磨粒、防止液压元件锈蚀等功能。当外界污染物混入液压油中并达到一定量时，会产生一系列问题：液压元件加速磨损、液压阀动作失灵、液压缸动作不稳定、液压泵吸油困难等。液压油是否清洁，不仅影响液压系统的工作性能和液压元件的使用寿命，而且直接关系到设备能否正常工作。请思考以下问题。

（1）液压油有哪些性质？

（2）如何选用合适的液压油？

（3）液压油被污染的原因有哪些？

（4）如何控制液压油的污染？

1.2.1 液压油性质

1. 密度

密度是指单位体积的物质质量，通常用 ρ 表示。一般液压油的密度为 900kg/m^3。

通常，液压油的密度随压力增大而增大，随温度升高而减小。一般情况下，由压力和温度变化引起的密度变化较小，可以忽略不计。

2. 黏性

液体可以看成由若干个彼此相连的分子组成，当液体在外力作用下流动或有流动趋势时，液体分子间的内聚力会阻碍其相对运动而产生一种内摩擦力，液体的这种性质称为液体的黏性。

黏性使流动的液体内部各液层的速度不等。试验结果表明，液体流动时，相邻液层间的内摩擦力 F 与液层接触面积 A、液层间相对运动速度梯度 $\mathrm{d}u/\mathrm{d}y$ 成正比，即

$$F = \mu A \frac{\mathrm{d}u}{\mathrm{d}y} \tag{1-1}$$

式中，μ——比例常数，称为黏性系数或动力黏度。

当液体静止时，由于 $\mathrm{d}u/\mathrm{d}y=0$，所以内摩擦力为 0，即静止液体不呈现黏性。

液体黏性的大小可用黏度来衡量。常用的黏度表示方法有 3 种：动力黏度、运动黏度、相对黏度。

（1）动力黏度 μ。动力黏度是表征液体黏性的内摩擦力系数，可表示为式（1-2）。

$$\mu = \frac{F/A}{\mathrm{d}u/\mathrm{d}y} \tag{1-2}$$

动力黏度的物理意义是当速度梯度 $\mathrm{d}u/\mathrm{d}y=1$ 时，液层单位面积上内摩擦力的大小。

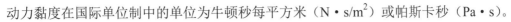

动力黏度在国际单位制中的单位为牛顿秒每平方米（N·s/m²）或帕斯卡秒（Pa·s）。

（2）运动黏度 ν。运动黏度是动力黏度 μ 与密度 ρ 的比值，即

$$\nu = \frac{\mu}{\rho} \tag{1-3}$$

运动黏度的法定计量单位是 m²/s。工程中常用的运动黏度的单位有 cm²/s、mm²/s、cSt（厘斯）、St（斯），它们之间的换算关系为 1m²/s=10⁴St=10⁶cSt。

（3）相对黏度 E_T。相对黏度（单位为°E）又称条件黏度，它是采用特定的黏度计在规定的条件下测量出来的黏度。根据测量条件不同，各国采用的相对黏度也不同，我国采用恩氏黏度。

恩氏黏度用恩氏黏度计测定。其方法是：将 200mL 温度为 T（以℃为单位）的被测液体装入黏度计的容器中，液体经其底部直径为 2.8mm 的小孔流出，测出液体流尽所需时间 t_1，再测出 200mL 温度为 20℃的蒸馏水在同一黏度计中流尽所需时间 t_2，这两个时间的比值 t_1/t_2 即被测液体在温度 T 下的恩氏黏度的数值。

液压油的黏度对温度变化十分敏感，温度升高，黏度会显著下降。这种液体的黏度随温度变化而变化的特性称为黏温特性。

3. 可压缩性

液体受压力作用而体积缩小的性质称为液体的可压缩性。对于一般液压系统，可认为油液是不可压缩的。只有在研究液压系统的动态特性和高压情况下，才考虑油液的可压缩性。当油液中混入空气时，其抗压缩能力会明显下降，这会严重影响液压系统的工作性能。因此在有较高要求的液压系统中，应尽量减少油液中混入的气体及其他易挥发物质的含量。

1.2.2 液压油选用

1. 液压油牌号

我国液压油的牌号表示该液压油在 40℃时的运动黏度的平均值。例如，牌号为 L-HL32 的液压油在 40℃时的运动黏度的平均值是 32mm²/s。常用液压油的牌号及应用如表 1-1 所示。

表 1-1　常用液压油的牌号及应用

名称	代号	组成、类型及特性	应用
精制矿物油	L-HH	无抗氧化剂	循环润滑油，低压液压系统
普通液压油	L-HL	以 L-HH 油为基础油，并改善其防锈性和抗氧化性	一般液压系统
抗磨液压油	L-HM	以 L-HL 油为基础油，并改善其抗磨性	低、中、高压液压系统，特别适用于有防磨要求、带叶片泵的液压系统
低温液压油	L-HV	以 L-HM 油为基础油，并改善其黏温特性	能在 -40～20℃的低温环境中工作，如户外工作的工程机械和船用液压设备等
高黏度指数液压油	L-HR	以 L-HL 油为基础油，并改善其黏温特性	黏温特性优于 L-HV 油，用于数控机床液压系统和伺服系统
液压导轨油	L-HG	以 L-HM 油为基础油，并具有黏滑特性	适用于导轨和液压系统共用一种液压油的机床，对导轨有良好的润滑性和防爬性
其他液压油		加入多种添加剂	用于高品质的专用液压系统

2. 液压油选用原则

选用液压油时，黏度是一个重要考虑因素。黏度的高低将影响运动件的润滑程度、缝隙是否会泄漏，以及液压油流动时的摩擦、系统发热温升等。在环境温度较高、工作压力大时，为减少泄漏损失，应选用黏度较高的液压油；在运动速度快时，为减少摩擦损失，则应选用黏度较低的液压油。通常应先确定适当的黏度范围，再选择合适的液压油。

选用液压油时，可参考液压设备生产厂家样本和说明书中所推荐的品种、牌号，或者根据液压系统的工作压力、工作温度、液压油流动速度、液压元件种类及经济性等因素全面考虑。

1.2.3 液压油污染与控制

为保证液压系统高效、可靠地工作，不仅要正确选择液压油，还要合理使用和维护液压油。据统计，85%以上的液压系统故障与液压油污染有关。因此，控制液压油的污染非常重要。

1. 液压油污染的原因

（1）残留物污染。液压系统中各种元件的型砂、切屑、焊渣、磨料、灰尘等因使用前未将元件冲洗干净而流入液压油中。

（2）侵入性污染。外界灰尘、砂粒等进入油箱或落在外露的活塞杆等处，被带入液压系统中，对液压油造成污染。

（3）生成物污染。液压系统自身产生的污垢进入液压油中，如液压油因油温升高氧化变质而生成的胶状物等对液压油造成污染。

上述各类污染中的颗粒通过液压油在系统中循环，将划伤液压元件运动部位表面和密封件，堵塞节流孔、阻尼孔，卡住阀类元件，增大液压系统运行的难度，缩短液压元件的使用寿命，使液压系统工作性能降低，最终丧失正常的工作能力。

2. 液压油污染的控制

为了确保液压系统工作正常、可靠，减少故障和延长使用寿命，必须采取有效措施控制液压油的污染。

（1）控制油温。油温升高往往导致油液黏度下降、泄漏增加、系统工作效率降低。油温过高还会引起元件热膨胀，使运动副的间隙发生变化，造成动作不灵或卡死，使其工作性能和精度下降。对于不同用途和不同工作条件的液压系统，应有不同的允许工作油温，必要时，应采用适当措施（如风冷、水冷等）控制系统的温度。例如：工程机械液压系统允许的正常工作油温通常为35~55℃，最高为70℃。

（2）控制过滤精度。为了控制液压油的污染，要根据系统和元件的不同要求，分别在吸油口、压力管路、伺服调速阀的进油口等处，按照要求的过滤精度设置过滤器，以控制液压油中的颗粒污染物，使液压系统性能可靠、工作稳定。过滤器的过滤精度一般根据系统中对过滤精度敏感性最大的元件来选择。

（3）定期清洗。控制液压油污染的另一个有效方法是定期清除滤网、滤芯、油箱、油管及元件内部的污垢。在拆装元件、油管时也要注意清洁，对所有油口都要加堵头或塑料布密封，以防止污染物侵入系统。为控制液压油污染，还应定期过滤或更换油液、控制其使用期限，定期更换过滤器。

1.3 力学基础

【问题引入】

在液压系统中，不同位置油液的压力、流速会有差异，即便在同一位置，在不同的工况下，油液的压力和流速也会变化。请思考以下问题。

（1）压力是什么？压力是怎样产生的？压力的大小与哪些因素相关？

（2）什么是流速？流速的大小与哪些因素相关？

（3）液压系统中能量的传递遵循什么规律？

1.3.1 静力学基础

1. 压力定义及单位

作用于液体上的力可分为质量力和表面力。质量力（如重力）作用于液体的所有质点上。表面力只作用于液体的表面上。静止液体各质点间没有相对运动，因此静止液体所受的表面力只有法向力。液体在单位面积上所受的法向力称为压力，用 p 表示。若法向力 F 均匀地作用在面积 A 上，则压力可表示为

$$p = \frac{F}{A} \tag{1-4}$$

式中，A——液体有效作用面积（m^2）；

F——液体有效作用面积 A 上所受的法向力（N）。

压力的国际计量单位为牛顿每平方米（N/m^2）或帕斯卡（Pa）。工程上常用的压力单位还有兆帕（MPa）、巴（bar）等。常用的压力计量单位之间的换算关系如表 1-2 所示。

表 1-2　常用的压力计量单位之间的换算关系

单位	Pa（N/m^2）	MPa	bar	psi	kgf/cm²	atm	mH₂O	mmHg
数值	1×10^5	0.1	1	14.50	1.02	0.987	10.2	750

2. 压力的表示方法

压力的表示方法有两种：一种是以绝对真空为基准所表示的压力，称为绝对压力；另一种是以大气压力为基准所表示的压力，称为相对压力。通常用压力表测出的压力值为相对压力值，所以相对压力也称表压力。当液压系统中某点的绝对压力小于大气压力时，比大气压力小的部分就称为该点的真空度，即真空度=大气压力-绝对压力。绝对压力、相对压力、真空度的关系如图 1-3 所示。

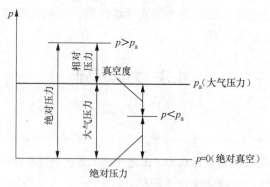

图1-3　绝对压力、相对压力、真空度的关系

3. 压力的传递

在密封容器中，施加于静止液体任意一点的压力能等值传递到液体内各点，这就是帕斯卡原理，也称为静压传递原理。

如图1-4所示，在两个相互连通的液压缸密封腔中充满油液，小活塞和大活塞的面积分别为 A_1、A_2，施加于小活塞上的作用力为 F_1，施加于大活塞上的作用力为 F_2，则两缸内压力分别为 $p_1=F_1/A_1$，$p_2=F_2/A_2$。由帕斯卡原理可知 $p_1=p_2$，即

$$\frac{F_1}{A_1} = \frac{F_2}{A_2} \tag{1-5}$$

$$F_2 = F_1 \frac{A_2}{A_1} \tag{1-6}$$

式（1-6）表明，若 $A_2/A_1>1$，则输入较小的力 F_1 就可输出很大的力 F_2。由此可知，液压传动不仅可以实现力的传递，还可以实现力的放大以及改变力的方向。

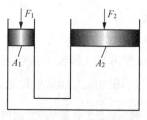

图1-4　压力与负载关系

忽略活塞重量及其他阻力，当大液压缸的活塞上没有负载，即 $F_2=0$ 时，不论怎样推动小液压缸的活塞，在液体中都不能形成压力，这说明液压系统中的压力由外负载决定。

1.3.2　动力学基础

1. 流量与流速

无黏性且不可压缩的液体称为理想液体。为简化问题研究，常把实际液体看作理想液体。

液体中任意一点的压力、速度和密度不随时间变化的流动称为稳定流动。如果压力、速度、密度中至少有一个量随时间变化，这种流动就称为

运动与传递

8

不稳定流动。在研究液压系统静态性能时，通常将一些不稳定流动问题进行简化，作为稳定流动问题来处理。

流量和平均流速是描述液体流动的两个基本参数。

液体在管道中流动时，通常将垂直于液体流动方向的截面称为通流截面，或称过流截面。

如图1-5所示，单位时间内通过通流截面的液体的体积称为流量，用 q 表示。

$$q = \frac{V}{t} \tag{1-7}$$

式中，q——流量（m^3/s），常用单位有 L/min、mL/s；

V——通过通流截面的液体的体积（m^3）；

t——液体通过通流截面的时间（s）。

由于液体具有黏性，因此液体在通流截面上各点的流速一般是不相等的。为了便于计算，引入平均流速的概念，即假设通流截面上各点的流速均匀分布，液体以平均流速通过通流截面的流量等于以实际流速通过通流截面的流量，平均流速用 v 来表示，则

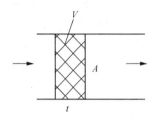

图1-5 流量的概念

$$v = \frac{q}{A} \tag{1-8}$$

在液压缸工作时，活塞的运行速度与液压缸内液体的平均流速相等。由此可见，当液压缸的有效工作面积 A 一定时，活塞的运行速度 v 由进入液压缸的流量 q 决定。

2. 流体连续性方程

流体连续性方程是质量守恒定律在流体力学中的一种表达方式。由于液体被认为是不可压缩的，根据质量守恒定律，液体在流动时既不会增多，也不会减少，则在单位时间内通过图1-6所示的通流截面1和通流截面2的液体的质量应该相等，即

$$\rho A_1 v_1 = \rho A_2 v_2 \tag{1-9}$$

可得

$$A_1 v_1 = A_2 v_2 \tag{1-10}$$

式中，v_1、v_2——液体通过通流截面1和通流截面2的平均流速（m/s）；

A_1、A_2——通流截面1和通流截面2的面积（m^2）；

ρ——液体密度（kg/m^3）。

它说明：理想液体在管道中稳定流动时，通过管道中每一个通流截面的流量是相等的，这就是流体连续性原理。

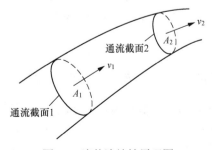

图1-6 流体连续性原理图

液体在无分支管道中流动时，通过管道内任意通流截面的流量相等，当流量一定时，任意通流截面的通流面积与流速成反比，即管道越细的地方流速越大，管道越粗的地方流速越小。同理，液体在有分支管道中流动时，干流量等于分支流量之和，如图 1-7 所示。

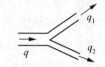

图 1-7　分支管道流量关系

3. 伯努利方程

伯努利方程是能量守恒定律在流体力学中的一种表达方式。

（1）理想液体伯努利方程

能量与传递

理想液体在管道内稳定流动时是没有能量损失的。如图 1-8 所示，取管道内任意两通流截面，即通流截面 1-1 和通流截面 2-2，假定它们的面积分别为 A_1、A_2，两通流截面上液体的压力分别为 p_1、p_2，平均流速分别为 v_1、v_2，由两通流截面至水平参考面的距离分别为 h_1、h_2。根据能量守恒定律，重力作用下的理想液体在管道内稳定流动时的伯努利方程为

$$\frac{p_1}{\rho g} + h_1 + \frac{1}{2g}v_1^2 = \frac{p_2}{\rho g} + h_2 + \frac{1}{2g}v_2^2 \qquad (1-11)$$

或

$$\frac{p}{\rho g} + h + \frac{1}{2g}v^2 = c（c为常数） \qquad (1-12)$$

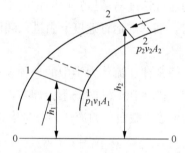

图1-8　理想液体伯努利方程示意图

这说明：在密闭管道内稳定流动的理想液体，具有压力能、位能和动能，它们之间可以相互转换，但总和保持不变。

（2）实际液体伯努利方程

实际液体在管道内流动时，由于液体存在黏性，会产生内摩擦力，消耗能量。另外，由于管道尺寸和形状的变化，液流会产生扰动，也会消耗能量。因此，实际液体流动时存在能量损失。单位质量的液体在两截面间流动时的能量损失用 $+\Delta p_w$ 表示，则实际液体伯努利方程可表示为

$$\frac{1}{2}\alpha_1\rho v_1^2 + \rho gh_1 + p_1 = \frac{1}{2}\alpha_2\rho v_2^2 + \rho gh_2 + p_2 + \Delta p_w \qquad (1-13)$$

式中，α_1，α_2——动能修正系数，取值与液体流动状态即通流截面上流速分布相关（层流时，$\alpha = 2$；湍流时，$\alpha = 1$）。

4. 能量损失

液压系统中的能量损失主要表现为压力损失。液体流动时的压力损失可分为两大类：沿程压力损失和局部压力损失。

沿程压力损失是液体沿等径直管流动时所产生的压力损失，这类压力损失是由液体流动时的内、外摩擦力引起的。沿程压力损失的大小因液体流动状态不同而有所不同。

局部压力损失是液体流经局部障碍时，因液体流动的方向和速度突然变化，在局部形成旋涡从而引起液体质点间以及液体质点与固体壁面间相互碰撞和剧烈摩擦而产生的压力损失。

压力损失过大，会使液压系统中的功率损耗增加，这将导致油液发热加剧、泄漏量增加、传动效率下降和液压系统性能变坏。因此，应尽量减少压力损失。通常可采取以下措施：

（1）降低流速；

（2）选择黏度适当的液体；

（3）保证管壁光滑；

（4）缩短管路的长度；

（5）增大管径；

（6）减少管路截面变化。

5. 液压冲击

在液压系统工作过程中，管路中流动的液体往往会因运动件换向或阀门关闭而突然停止运动。由于液流和运动件的惯性，在系统内会产生很大的瞬时压力峰值，这种现象称为液压冲击。

液压冲击会引起振动和噪声，其压力峰值可达工作压力的几倍，有时会使某些液压元件如压力继电器、顺序阀等产生误动作而影响系统正常工作，甚至可能使某些液压元件和管路损坏。因此，在设计和使用液压系统时必须采取适当的措施来防止和减小液压冲击，通常有以下几种方法：

（1）延长阀门关闭和运动件换向制动的时间；

（2）限制管道内液体的流速及运动件的速度；

（3）适当增大管径或采用橡胶软管，尽量缩短管道长度；

（4）在系统中设置蓄能器和安全阀，在液压元件中设置缓冲装置。

6. 空穴现象

液压油总是会溶解一定量的空气，当某一处的压力低于空气分离压力时，溶解于液压油中的空气就会分离出来形成气泡；当压力降至液压油的饱和蒸气压力以下时，液压油就会沸腾而产生大量气泡。这些气泡混杂在油液中，使原来充满于油管和元件中的液压油变成不连续状态，这种现象称为空穴现象。

在液压系统中，液压泵吸油口及吸油管路中的压力低于大气压力时容易产生空穴现象。液压油流经节流口等狭小缝隙处，由于速度增加，压力下降至空气分离压力以下时，也会产生空穴现象。空穴现象产生的气泡，随着液压油运动到高压区，在高压作用下迅速破裂，又凝结成液体，形成局部真空，周围液体质点以极大速度来填补这一空间，使气泡凝结处瞬间局部压力可高达数十兆帕，温度可达近千摄氏度。气泡凝结处附近的壁面，因反复受到液压冲击与高温作用，其金属表面产生腐蚀。这种因空穴现象而产生的腐蚀，称为气蚀。

为了防止产生空穴现象和气蚀，一般可采取下列措施：

（1）减小流经小孔和间隙处的液体压降；

（2）确定液压泵吸油管内径，对管内液体的流速加以限制，降低液压泵的吸油高度，减小吸油管路中的压力损失，保证管接头良好密封，对于高压泵可采用辅助泵供油；

（3）使整个系统管路尽可能直，避免急弯和局部窄缝等；

（4）提高元件的抗气蚀能力。

1.4　气动基础知识

【问题引入】

从古至今，我国劳动人民发明了各种各样的机械，以减轻人力劳动、提高生产效率。气动剪切机就是一种通用气动机械，利用它可实现物料的自动剪切。请思考以下问题。

（1）气动剪切机是如何工作的？

（2）气动系统由哪几部分组成？

（3）气动系统中的工作介质是什么？

1.4.1　气动原理与特点

1. 气动原理与系统组成

气压传动与液压传动相似，只是工作介质不相同。气压传动是以空气为工作介质进行能量传递和控制的一种传动形式。

图 1-9 所示为气动剪切机的工作原理图。剪切运动由气缸 10 带动，气缸 10 的运动由气动换向阀 9 控制，气动换向阀 9 所需的压缩空气由气源装置提供。空气压缩机 1 产生的压缩空气经冷却器 2、油水分离器 3、储气罐 4、空气过滤器 5、减压阀 6、油雾器 7 和气动换向阀 9，进入气缸 10，气缸 10 的上腔充气，活塞处于下位，剪切机剪口张开。当工料 11 进入剪切机并达到预定位置时，工料 11 将行程阀 8 的阀芯向右推动，气动换向阀 9 的下腔经行程阀 8 与大气相通，气动换向阀 9 的阀芯在弹簧的作用下移到下位，将气缸 10 的上腔与大气连通，下腔与压缩空气连通。气缸 10 的活塞带动剪刀将工料切断，并随之松开行程阀 8 的阀芯使之复位，将排气口堵死，气动换向阀 9 的下腔压力上升，其阀芯上移，切换气路。气缸 10 的上腔进压缩空气，下腔排气，活塞带动剪刀向下移动，剪切机再次处于预备状态。

气压传动系统主要由气源装置（包括空气压缩机、储气罐等）、执行元件（如气缸等）、控制元件（包括行程阀、减压阀等）、辅助元件（如油水分离器、空气过滤器、油雾器等）

和工作介质（压缩空气）5 部分组成。

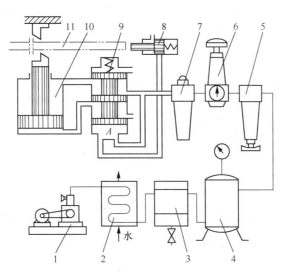

1—空气压缩机　2—冷却器　3—油水分离器　4—储气罐　5—空气过滤器　6—减压阀

7—油雾器　8—行程阀　9—气动换向阀　10—气缸　11—工料

图1-9　气动剪切机的工作原理图

2. 气压传动的特点

与液压传动相比，气压传动的主要优、缺点如下。

（1）工作介质为空气，来源经济方便，用过之后可直接排入大气，不污染环境。

（2）由于空气流动能量损失小，因此压缩空气可以集中供气，实现远距离输送。

（3）具有动作迅速、反应快、管路不易堵塞的特点，且不存在工作介质变质、补充和更换等问题。

（4）对环境适应性好，允许的工作范围较宽，可用于易燃易爆场所。

（5）气压传动装置结构简单、重量轻，安装、维护方便。

（6）气压传动系统能自动实现过载保护。

（7）由于空气具有可压缩性，所以气缸的动作速度受负载的影响比较大。

（8）系统工作压力较低（一般为 0.4～0.8MPa），系统输出动力较小。

（9）工作介质没有自润滑性，一般需要另设装置进行润滑。

1.4.2　气动工作介质

1. 空气黏性和黏度

和液体的黏性一样，空气的黏性是空气分子相对运动时产生阻力的性质。与液体相比，空气的黏性很小。空气的黏度也受温度影响，但不同的是，温度变化引起空气黏度的变化和液体黏度的变化相反。这主要是由于温度升高后，空气内分子运动加剧，使原本间距较大的分子之间的碰撞增多。

2. 空气的湿度

空气中常含有一定的水蒸气，通常把含有水蒸气的空气称为湿空气，不含有水蒸气的空气称为干空气。在一定温度下，当湿空气中有液态水分析出时，此时的湿空气称为饱和湿空气。

湿空气中所含水分的程度通常用湿度来表示，湿度的表示方法有相对湿度和绝对湿度。相对湿度 φ 是指在温度和总压力不变的条件下，绝对湿度 x 和饱和绝对湿度 x_b（饱和湿空气的绝对湿度）之比，用公式表示为

$$\varphi = \frac{x}{x_b} \times 100\% \tag{1-14}$$

$\varphi=0$，表示干空气；$\varphi=100\%$，表示饱和湿空气。通常情况下，空气的相对湿度为 $60\%\sim70\%$ 时人感觉比较舒适，各种气动元件对压缩空气的湿度有明确规定。

绝对湿度 x 是指每立方米湿空气中所含水蒸气的质量，用公式表示为

$$x = \frac{m_s}{V} \tag{1-15}$$

式中，m_s——水蒸气的质量（kg）；

V——空气的体积（m^3）。

3. 空气的可压缩性

由于空气分子间的距离大，分子间的内聚力小，体积容易变化。因此与液体相比，空气具有明显的可压缩性。随着温度和压力的变化，空气的体积会发生显著的改变。

●●● 项目技能训练 ●●●

技能训练1：液压系统压力测定

本项目包括 1 个技能训练，详见随书提供的技能训练手册。

●●● 项目拓展与自测 ●●●

【拓展作业】

1. 液压千斤顶中，活塞 A 的直径 D_A=13mm，柱塞 B 的直径为 D_B=34mm，杠杆长如图 1-10 所示，杠杆端加多大力 F 才能提起 49kN 的重物？

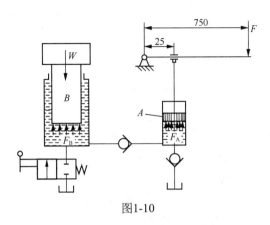

图1-10

2. 如图 1-11 所示，流量 q_1=25L/min，小活塞杆直径 d_1=20mm，小活塞直径 D_1=75mm，大活塞杆直径 d_2=40mm，大活塞直径 D_2=125mm，假设没有泄漏，求大、小活塞的运动速度。

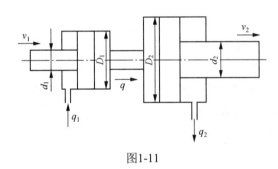

图1-11

3. 如图 1-12 所示，液体在管内连续流动，通流截面 I-I 和通流截面 II-II 的通流面积分别为 A_1 和 A_2，读出测压管读数差（测压管读数差取决于液体高度差 Δh），若不考虑管路内能量损失，则通流截面 I-I 和通流截面 II-II 哪一处压力高？为什么？

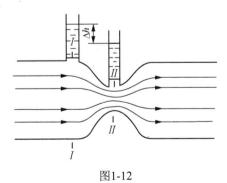

图1-12

4. 为何气压传动能实现集中供气，液压传动却不能集中供油？

【线上自测】

1．单选题

（1）液压系统利用液体的（　　　）来传递动力。

    A．压力能 　　　　　　　B．速度 　　　　　　　C．通断和方向

（2）在液体中，因某点压力低于空气分离压而产生大量气泡的现象称为（　　　）。

    A．液压冲击 　　　　　　B．空穴现象 　　　　　C．气蚀现象

（3）液压系统的工作压力取决于（　　　）。

    A．液压泵的额定压力 　　B．溢流阀的调定压力 　　C．负载

（4）选择液压油时，主要考虑油液的（　　　）。

    A．密度 　　　　　　　　B．成分 　　　　　　　C．黏度

（5）液压系统大多数故障由（　　　）引起。

    A．油液黏度不合适 　　　B．油温过高 　　　　　C．油液污染

2．判断题

（1）工作压力较高的设备比较适合选用黏度低的液压油。（　　　）

（2）压力表的示数是相对压力。（　　　）

（3）在液压系统内，管道突然变窄的地方容易发生空穴现象。（　　　）

（4）温度对液压油黏度影响不大。（　　　）

（5）为了减小液压冲击，需要尽量延长阀门关闭时间。（　　　）

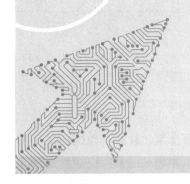

项目2
液压动力元件的认识

02

••• 项目信息 •••

【项目概述】

在液压系统中，为系统提供动力的元件称为液压动力元件。液压动力元件即液压泵，是液压系统中的能量转换装置，它可以将原动机（通常是电机）提供的机械能转换为压力能，向执行元件输送足量的压力油，从而推动执行元件对外做功。

本项目将主要介绍液压泵的基本原理、性能参数，几种常见液压泵的结构、工作原理、特点及故障排除措施。

【项目目标】

本项目的目标包括：①掌握液压泵的基本原理；②熟练进行液压泵性能参数的计算；③掌握齿轮泵、叶片泵、柱塞泵的结构及工作原理；④能够对液压泵进行故障排除；⑤能够进行液压泵的流量测定；⑥培养严谨细致的工作态度；⑦增强爱国意识。

••• 项目知识学习 •••

2.1 液压泵基本原理与性能参数

【问题引入】

职场中不同的工作岗位需要员工具有不同的业务水平，所以在求职时需要首先对自己有客观认识，然后选择与自己的业务水平相匹配的工作，才能把工作做好。在液压系统中，液压泵是依靠原动机提供动力来工作的，当液压泵性能参数不同时，也需要不同的电机来匹配。请思考以下问题。

（1）液压泵是如何工作的？

（2）液压泵的主要性能参数有哪些？

（3）液压泵的性能参数之间有什么关系？

（4）如何选择合适的电机？

2.1.1 液压泵的基本原理

液压泵有很多种。按结构不同，液压泵可分为齿轮泵、叶片泵、柱塞泵和螺杆泵；按压力不同，液压泵可分为低压泵、中压泵、中高压泵、高压泵和超高压泵；按排量是否可调，液压泵可分为定量泵和变量泵；按排油方向不同，液压泵可分为单向泵和双向泵。

不同的液压泵的图形符号不同，部分液压泵的图形符号如图2-1所示。

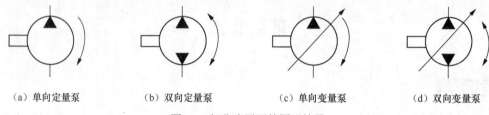

（a）单向定量泵　　　（b）双向定量泵　　　（c）单向变量泵　　　（d）双向变量泵

图2-1　部分液压泵的图形符号

尽管液压泵类型多样，但它们的工作原理大致相同，即利用密封工作腔容积的变化实现吸油和压油，如图2-2所示。

当偏心轮1由原动机带动旋转时，柱塞2做往复运动。柱塞2右移时，弹簧3将其从密封工作腔4中推出，密封工作腔4的容积逐渐增大，形成局部真空，油箱中的油液在大气压力的作用下，通过吸油阀5进入密封工作腔4，这是吸油过程。当柱塞2被偏心轮1压入工作腔时，密封工作腔4的容积逐渐减小，密封工作腔4内油液打开压油阀6进入系统，这是压油过程。偏心轮1不断旋转，液压泵就不断地吸油和压油。

液压泵工作原理与性能参数

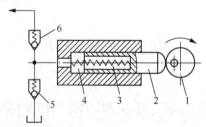

1—偏心轮　2—柱塞　3—弹簧　4—密封工作腔　5—吸油阀　6—压油阀

图2-2　单柱塞泵的工作原理图

这种利用密封工作腔容积的变化实现吸油和压油的液压泵称为容积式液压泵，其正常工作的条件如下。

（1）必须有若干个密封且容积可周期性变化的工作腔。液压泵的理论输出流量与此密封工作腔容积的变化量及单位时间内变化次数成正比，和其他因素无关。

（2）油箱内液体的绝对压力恒大于或等于大气压力，为了能正常吸油，油箱必须与大气相通或采用充气油箱。

（3）必须有合适的配油装置，将吸油腔和压油腔隔开，保证液压泵有规律地、连续地吸油、压油。液压泵的工作原理不同，其配油装置也不同。

2.1.2　液压泵的性能参数

液压泵的性能参数主要有压力、排量、流量、效率和功率。

（1）压力

液压泵的压力可分为额定压力和工作压力。

液压泵的铭牌上标示了额定压力，它是根据液压泵的强度、使用寿命、效率等使用条件而规定的正常工作的压力上限，超过此值就是过载。

工作压力（用 p 表示）是指实际工作时输出的压力，它主要取决于执行元件的外负载，而与液压泵的流量无关。

（2）排量

液压泵的排量（用 V 表示）是指液压泵在无泄漏的情况下，泵轴每转一周，因其密封工作腔容积变化而输出的液体的体积。

（3）流量

液压泵的流量可分为理论流量和实际流量。

理论流量（用 q_t 表示）是指在不考虑液压泵泄漏的情况下，液压泵单位时间内输出的液体的体积。若液压泵的转速为 n，则液压泵的理论流量 $q_t=nV$。

实际流量（用 q 表示）是指在考虑液压泵的泄漏损失时，液压泵在某一工况下单位时间内实际输出的液体的体积。它等于理论流量 q_t 减去泄漏量 Δq。当液压泵的工作压力升高时，液压泵的泄漏量 Δq 会增大，实际流量 q 会减少。

液压泵在正常工作条件下，按试验标准规定（如在额定压力和额定转速下）所能输出的最大流量称为额定流量。

（4）效率

液压泵在能量转换过程中必然存在功率损失，功率损失可分为容积损失和机械损失两部分。容积损失是因液压泵的泄漏造成的流量损失，它可用容积效率 η_V 衡量，即

$$\eta_V=q/q_t \tag{2-1}$$

液压泵在工作中，因泵内轴承等相对运动件之间的机械摩擦、泵内转子和周围液体的摩擦及泵从进口到出口间的流动阻力而产生的功率损失，这些都归结为机械损失。机械损失导致液压泵的实际输入转矩 T_i 总是大于理论上所需的转矩 T_t，T_t 与 T_i 之比称为机械效率，以 η_m 表示，即

$$\eta_m=T_t/T_i \tag{2-2}$$

液压泵的总效率等于容积效率与机械效率的乘积，即

$$\eta=\eta_V\eta_m \tag{2-3}$$

（5）功率

液压泵由电机驱动，输入的是机械能，而输出的是液体的压力和流量，即压力能。由于容积损失和机械损失的存在，电机功率要大于液压泵的输出功率，可用下式计算

$$P=pq/\eta \qquad\qquad (2\text{-}4)$$

式中，P——驱动液压泵的电机功率；

p——液压泵的工作压力；

q——液压泵的流量；

η——液压泵的总效率。

若 p 以 Pa 为单位代入，q 以 m^3/s 为单位代入，则式（2-4）中 P 的单位为 W（瓦，$N\cdot m/s$）；若 p 以 MPa 为单位代入，q 以 L/min 为单位代入，则 P 的单位为 kW，可用下式计算

$$P=pq/60\eta \qquad\qquad (2\text{-}5)$$

2.2 齿轮泵

【问题引入】

我国的基础设施建设能力是举世闻名的，而工程机械在基建过程中是必不可少的。某工程机械所使用的齿轮泵出现了外泄漏严重的问题，需要进行故障排除。请思考以下问题。

（1）齿轮泵是如何工作的？

（2）齿轮泵有哪些常见故障及排除措施？

2.2.1 齿轮泵的工作原理

齿轮泵是在采矿设备、冶金设备、建筑机械、工程机械、农林机械等设备中广泛应用的一种液压泵。它的主要优点是结构简单、制造方便、价格低廉、体积小、重量轻、自吸性能好、对油液污染不敏感、工作可靠；主要缺点是流量和压力脉动大、噪声大、排量不可调。

根据内部结构的不同，齿轮泵可以分为外啮合齿轮泵和内啮合齿轮泵两大类。下面重点介绍外啮合齿轮泵。

图 2-3 所示为 CB-B 型齿轮泵的实物图和结构原理图。它具有分离三片式结构，三片是指前泵盖 8、后泵盖 4 和泵体 7。泵体 7 内装有一对齿数和模数相等、宽度与泵体 7 相近、互相啮合的齿轮。这对齿轮的齿槽与前泵盖 8、后泵盖 4 及泵体 7 的内壁形成一个个密封工作腔，而两齿轮的啮合处的接触面将齿轮泵进、出油口处的密封工作腔分为两部分，即吸油腔和压油腔。两齿轮分别用键 5 和键 13 固定在由滚针轴承支撑的主动轴 12 和从动轴 15 上。前泵盖 8、后泵盖 4 和泵体 7 由定位销 17 定位，用螺钉 9 固定。在齿轮端面和前泵盖 8、后泵盖 4 之间有适当的轴向间隙，小流量齿轮泵的轴向间隙为 0.025～0.04mm，大流量齿轮泵的轴向间隙为 0.04～0.06mm，既能使齿轮转动灵活，又能保证液压油的泄漏最小。齿轮的齿顶与泵体 7 内壁的间隙（径向间隙）一般为 0.13～0.16mm，由于齿顶油液泄漏的方向与齿顶的运动方向相反，故径向间隙稍大。

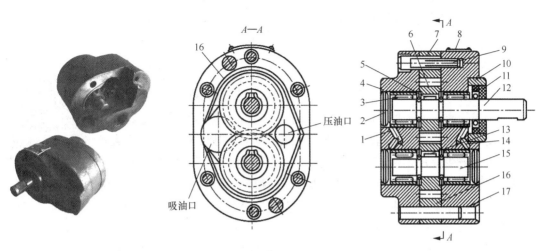

1—轴承外环　2—堵头　3—滚子　4—后泵盖　5、13—键　6—齿轮　7—泵体

8—前泵盖　9—螺钉　10—压环　11—密封环　12—主动轴

14—泄油孔　15—从动轴　16—泄油槽　17—定位销

图2-3　CB-B型齿轮泵的实物图和结构原理图

外啮合齿轮泵的结构原理图如图 2-4 所示。电机带动主动轮逆时针方向旋转，进而带动从动轮顺时针方向旋转。当齿轮按图 2-4 所示的方向旋转时，齿轮泵右侧（吸油腔）轮齿脱开啮合，齿槽内密封工作腔的容积增大，形成局部真空，在外界大气压力的作用下，从油箱中吸油。随着齿轮的旋转，吸入的油液被齿槽带入左侧的压油腔。齿轮泵左侧（压油腔）轮齿开始啮合，使齿槽内密封工作腔的容积逐渐减小，压力升高，由于液体的体积变化很小，故经管道输出给液压系统，这就是压油。泵轴不停地转动，油箱中的油就源源不断地被齿轮泵送入液压系统。

齿轮泵的工作原理

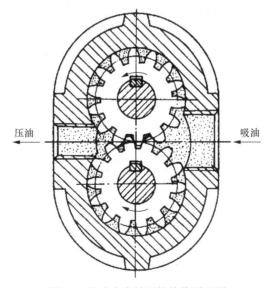

图2-4　外啮合齿轮泵的结构原理图

21

2.2.2 齿轮泵的结构特性

1. 困油现象

根据齿轮啮合原理，齿轮泵要平稳工作，齿轮啮合的重叠系数必须大于1，即总是至少有两对轮齿同时啮合，这样就有一部分油液被困在两对啮合轮齿所形成的密封工作腔中，如图2-5所示。这个密封工作腔的大小随着齿轮的转动不断发生变化。密封工作腔由大变小时，被困油液受挤压并从缝隙中挤出而产生高压，油液发热，同时使轴承受到不平衡负载的作用；而密封工作腔由小变大时，会造成局部真空，使溶解于油液中的气体分离出来，产生空穴现象，这就是齿轮泵的困油现象。困油现象会使齿轮泵产生强烈的振动和噪声，影响其工作的平稳性，缩短其使用寿命。

齿轮泵的结构特性

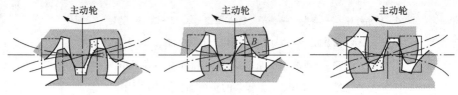

图2-5 齿轮泵的困油现象

为减小困油现象的危害，常在齿轮泵啮合部位侧面的泵盖上开卸荷槽，使密封工作腔由大变小时，通过卸荷槽与压油腔相连通，避免压力急剧上升；密封工作腔由小变大时，通过卸荷槽与吸油腔相连，避免形成真空。两个卸荷槽须保持合适的距离，避免吸油腔、压油腔通过卸荷槽连通，使容积效率大大降低。

2. 径向不平衡力

齿轮泵工作时，压油腔和吸油腔、齿轮外圆分别承受系统工作压力和吸油压力。由于吸油腔和压油腔存在压差，所以作用在齿轮外圆上的压力是不均匀的。在齿轮齿顶与泵体内壁的径向间隙中，可以认为油液压力由压油腔压力逐级下降到吸油腔压力。这些压力综合作用的合力相当于一个径向不平衡力，如图2-6所示，会加速轴承的磨损。工作压力越大，径向不平衡力越大，严重时甚至会造成齿顶与泵体内壁接触，产生磨损。

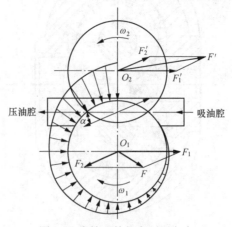

图2-6 齿轮泵的径向不平衡力

为减小径向不平衡力的影响，通常采取缩小压油口的办法，使高压油仅作用在一个到两个轮齿的范围内。

3. 泄漏

外啮合齿轮泵高压腔（压油腔）的压力油向低压腔（吸油腔）泄漏有 3 条路径。一是通过齿轮啮合处的间隙；二是通过泵体内壁与齿顶的径向间隙；三是通过齿轮两端面与两侧端盖的轴向间隙。这 3 条路径中，轴向间隙的泄漏量最大，占总泄漏量的 70%～80%。因此，普通齿轮泵的容积效率较低，输出压力也不容易提高。要提高齿轮泵的输出压力，首先要减小轴向间隙。

要提高外啮合齿轮泵的容积效率，必须减少轴向间隙泄漏，一般采用齿轮端面间隙自动补偿的办法来达到这个目的。齿轮端面间隙自动补偿的原理，是利用特制的通道，把齿轮泵内压油腔的压力油引到浮动轴套外侧，作用在一定形状和大小的截面（用密封圈分隔构成）上，产生液压作用力，使浮动轴套压向齿轮端面的液压力的大小必须保证浮动轴套始终紧贴齿轮端面，减少轴向间隙泄漏，达到提高工作压力的目的。

常用的齿轮端面间隙自动补偿装置如下。

（1）浮动轴套式齿轮端面间隙自动补偿装置。浮动轴套式齿轮端面间隙自动补偿装置示意图如图 2-7（a）所示。齿轮泵的出口压力油直接引入齿轮 1 的轴上的浮动轴套 3 的外侧 A 腔，在油压作用下，浮动轴套 3 紧贴齿轮 1 的左侧面，可以消除轴向间隙，并可以补偿侧面与浮动轴套 3 的磨损量。齿轮泵在启动前，靠弹簧 4 产生预紧力，保证轴向间隙的密封。

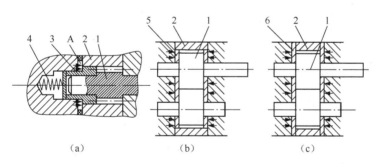

1—齿轮 2—泵体 3—浮动轴套 4—弹簧 5—浮动侧板 6—挠性侧板

图2-7 齿轮端面间隙自动补偿装置示意图

（2）浮动侧板式齿轮端面间隙自动补偿装置。浮动侧板式齿轮端面间隙自动补偿装置与浮动轴套式齿轮端面间隙自动补偿装置的工作原理基本相同，它将齿轮泵的出口压力油引到浮动侧板 5 的背面，使其紧贴于齿轮 1 的端面来减小轴向间隙，如图 2-7（b）所示。齿轮泵启动前，浮动侧板 5 靠密封圈来产生预紧力。

（3）挠性侧板式齿轮端面间隙自动补偿装置。挠性侧板式齿轮端面间隙自动补偿装置如图 2-7（c）所示。其将齿轮泵的出口压力油引到挠性侧板 6 的背面，靠挠性侧板 6 本身的形变来补偿轴向间隙。挠性侧板 6 较薄，内侧面耐磨。

2.2.3 齿轮泵常见故障及排除措施

齿轮泵的常见故障、原因和排除措施如表 2-1 所示。

表 2-1 齿轮泵的常见故障、原因和排除措施

故障	原因	排除措施
噪声大或压力波动严重	过滤器被污物阻塞或吸油管贴近过滤器底面	清除过滤器铜网上的污物；吸油管底部保持一定高度
	吸油管露出油面或伸入油箱较浅，或吸油位置太高	将吸油管伸入油箱内油箱高度的 2/3
	油箱中的油液不足	加注油液
	齿轮泵和电机的联轴器碰撞	重新安装，保证同轴度
	轮齿的齿形精度不好	修正齿形或更换齿轮
	骨架式油封损坏	更换油封
压力不足或压力无法升高	间隙过大	调整间隙
	连接处泄漏、空气混入	调整密封装置
	电机转向错误	改变电机转向
	过滤器或管道堵塞	清除污物
	油液黏度太高	更换油液
	压力控制阀阀芯移动不灵活	检查并修复压力控制阀
齿轮泵旋转不畅	轴向间隙与径向间隙过小	修复或更换齿轮泵的机件
	齿轮泵和电机的同轴度不好	调整同轴度
	油液中杂质被吸入泵体内	清除杂质，保持油液清洁
齿轮泵严重发热	油液黏度太高	更换黏度合适的油液
	油箱小、散热不好	加大油箱容积或增设冷却器
	卸荷方法不当或齿轮泵带压溢流时间过长	改进卸荷方法或减少带压溢流时间
	油在油管中流速过高	加粗油管
外泄漏	泵盖上的回油孔堵塞	清洗回油孔
	泵盖与密封圈配合过松	调整配合
	密封圈失效或装配不当	更换密封图
	零件密封面划痕明显	修磨或更换零件

2.3 叶片泵

【问题引入】

专业机床、自动线等中、低压液压系统中广泛使用叶片泵作为动力元件，请思考以下问题。

（1）叶片泵有哪些种类？

（2）叶片泵如何工作？

（3）叶片泵有哪些特点？

（4）叶片泵的流量与哪些因素相关？

2.3.1 双作用叶片泵

叶片泵是一种小功率泵，其结构紧凑、排油均匀、工作平稳、噪声小，但存在结构复

杂、吸油能力差、对油液污染比较敏感等缺点。

叶片泵按结构不同可分为单作用叶片泵和双作用叶片泵两大类。单作用叶片泵多为变量泵，双作用叶片泵均为定量泵。

1. 双作用叶片泵的结构与原理

图 2-8 所示为 YB$_1$ 型双作用叶片泵的实物图和结构原理图。在左泵体 1 和右泵体 7 内安装有定子 5、转子 4、左配油盘 2 和右配油盘 6。转子 4 上开有 12 个具有一定倾斜角度的槽，叶片 3 装在槽内。转子 4 由传动轴 11 带动回转，传动轴 11 由左泵体 1、右泵体 7 内的两个径向球轴承 12 和 9 支撑。泵盖 8 与传动轴 11 间用两个油封 10 密封，以防止漏油和进入空气。定子 5、转子 4 和左配油盘 2、右配油盘 6 用两个连接螺钉 13 组装成一个部件后再装入泵体内，这种组装式的结构便于装配和维修。连接螺钉 13 的头部装在左泵体 1 后面孔内，以保证定子及配油盘与泵体的相对位置。

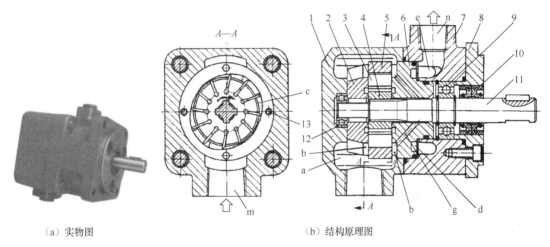

（a）实物图　　　　　　　　　　（b）结构原理图

1—左泵体　2—左配油盘　3—叶片　4—转子　5—定子　6—右配油盘

7—右泵体　8—泵盖　9、12—径向球轴承　10—油封　11—传动轴　13—连接螺钉

图2-8　YB$_1$型双作用叶片泵的实物图和结构原理图

油液从吸油口 m 经过空腔 a，从左配油盘 2、右配油盘 6 的吸油窗口 b 被吸入，压力油从压油窗口 c 经右配油盘 6 中的环形槽 d 及右泵体 7 中的环形槽 e，从压油口 n 被压出。转子 4 两侧泄漏的油液，通过传动轴 11 与右配油盘 6 孔中的间隙，从 g 孔流回吸油窗口 b。

图 2-9 所示为双作用叶片泵的结构原理图。图 2-9 中转子 2 的中心与定子 1 的中心重合，定子 1 的内表面由两段半径为 R 的圆弧、两段半径为 r 的圆弧和 4 段过渡曲线构成。

当转子 2 按图 2-9 所示的方向转动时，因离心力和叶片 3 的底部压力油的作用，叶片 3 的顶部紧贴定子 1 的内表面，在定子、转子、相邻两叶片以及两端面的配油盘间形成若干个密封工作腔。处于右上角和左下角的叶片 3 在转子 2 转动时逐渐伸出，密封工作腔的容积逐渐增大，形成局部真空，通过配油盘 4 的吸油窗口、吸油管，将油箱中的油液吸入双作用叶片泵的吸油腔。处于右下角和左上角的叶片 3 逐渐被定子 1 的内表面推入槽内，密封工作腔的容积逐渐减小，局部压力增大，将油液经配油盘 4 的压油窗口、压油管输出。在吸油腔和压油腔之间有一段封油区将吸油腔、压油腔隔开。双作用叶片泵的转子 2 每转一周，每个密封工作腔完成两次吸、压油过程，故称为双作用叶片泵。

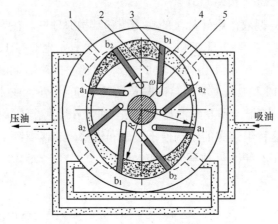

1—定子　2—转子　3—叶片　4—配油盘　5—传动轴

图2-9　双作用叶片泵的结构原理图

2. 双作用叶片泵的结构问题

（1）叶片的倾角

如图 2-10 所示，叶片在压油区工作时，它们均受定子内表面推力 F 的作用不断缩回槽内。当叶片在转子内径向安装时，定子内表面对叶片的作用力的方向与叶片沿槽滑动的方向所成的压力角 β 较大，因此叶片在槽内所受的摩擦力也较大，这会使叶片滑动困难，甚至被卡住或折断。如果叶片不径向安装，而是顺转向前倾一个角度 θ，这时的压力角就是 $\beta'=\beta-\theta$。压力角减小有利于叶片在槽内滑动，所以双作用叶片泵转子的叶片槽常做成向前倾斜一个倾角 θ。一般叶片泵的倾角 θ 可取 $10°\sim14°$，YB_1 型双作用叶片泵的叶片相对转子径向连线前倾 $13°$。

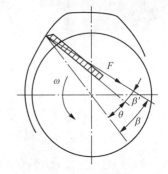

图2-10　叶片倾角

（2）配油盘上的三角形卸荷槽

图 2-11 所示为 YB_1 型双作用叶片泵的配油盘结构，两个凹形孔 b 为吸油窗口，两个腰形孔 c 为压油窗口，b 和 c 之间为封油区。

为了防止吸油腔和排油腔互通，配油盘上封油区的夹角大于或等于相邻两叶片间的夹角。每个密封工作腔在封油区有可能因制造误差而产生类似齿轮泵那样的困油现象。因此，YB_1 型双作用叶片泵在配油盘的封油区进入压油窗口的一端开有三角形卸荷槽 s，使封闭在两叶片间的油液通过三角形卸荷槽逐渐地与高压腔接通，减缓油液从低压腔进入高压腔的突然升压，以减小压力脉动和噪声。三角形卸荷槽的具体尺寸，一般通过试验确定。

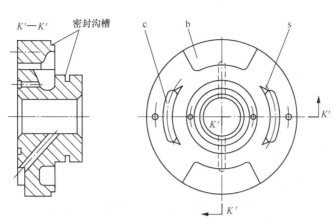

图2-11 YB₁型双作用叶片泵的配油盘结构

2.3.2 单作用叶片泵

1. 单作用叶片泵的结构和工作原理

单作用叶片泵主要由定子、转子、叶片、配油盘、泵体、传动轴等组成，其实物如图 2-12（a）所示。如图 2-12（b）所示，转子 3 的外表面和定子 1 的内表面都是圆柱面。转子 3 的中心与定子 1 的中心保持一个偏心距 e。配油盘上开有吸油窗口和压油窗口，如图 2-12（b）中虚线所示。当转子 3 沿逆时针方向转动时，右部两相邻叶片、定子、转子及配油盘所组成的密封工作腔的容积增大，油液通过吸油窗口进入；而左部两相邻叶片，定子、转子及配油盘所组成的密封工作腔的容积减小，油液由压油窗口输出到压油管中。改变偏心距 e 的大小，就可以改变单作用叶片泵的排量，即改变单作用叶片泵的流量。当 $e=0$，即转子 3 的中心与定子 1 的中心重合时，单作用叶片泵的流量为 0。转子 3 每转一周，单作用叶片泵吸、压油各一次。

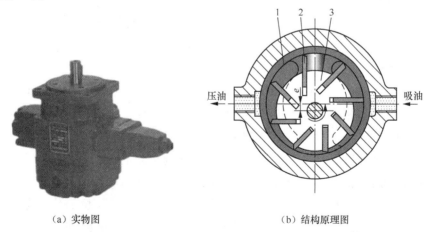

（a）实物图　　　　　　　（b）结构原理图

1—定子　2—叶片　3—转子

图2-12 单作用叶片泵的实物图和结构原理图

2. 单作用叶片泵排量计算

单作用叶片泵的排量 V 的计算公式为

$$V=4\pi ReB \tag{2-6}$$

式中，R——定子半径，m；

e——偏心距，m；

B——转子宽度，m。

考虑单作用叶片泵的容积效率 η_V，当单作用叶片泵的转速为 n 时，单作用叶片泵的实际流量 q 的计算公式为

$$q =Vn\eta_V=4\pi ReBn\eta_V \tag{2-7}$$

3. 单作用叶片泵结构特点

（1）改变定子和转子之间的偏心距便可改变单作用叶片泵的流量。改变偏心的方向时，吸油、压油方向也相反。

（2）处在压油腔的叶片顶部受到压力油的作用力，该作用力可把叶片推入转子槽内。为了使叶片顶部可靠地和定子内表面相接触，压油腔一侧的叶片底部要通过特殊的沟槽和压油腔相通，吸油腔一侧的叶片底部要和吸油腔相通，这里的叶片仅靠离心力的作用顶在定子内表面上。

（3）由于径向液压力只作用在转子表面的半周上，转子受不平衡的径向液压力，故轴承将承受较大的负载，其使用寿命较短，不宜用于高压场合。

（4）单作用叶片泵叶片的安装不是沿径向的，这有利于叶片因惯性向外伸出，使叶片有一个与旋转方向相反的倾斜角，该倾斜角称为后倾角，一般为 24°。同时考虑偏心距的存在，叶片在过渡区伸出困难，使叶片容易脱离定子，采用后倾有利于叶片靠紧定子。

2.3.3 限压式变量叶片泵

限压式变量叶片泵流量均匀、运转平稳、噪声小；但其结构比较复杂、自吸能力差、对油液污染比较敏感。限压式变量叶片泵主要用于液压设备有"快进、工进"及"保压"的场合。限压式变量叶片泵是利用排油压力的反馈作用实现变量的，它有外反馈和内反馈两种形式。

1. 外反馈限压式变量叶片泵的工作原理

外反馈限压式变量叶片泵的工作原理图如图 2-13 所示。该泵除了转子 1、定子 2、叶片及配油盘 5 外，在定子 2 的右边有限压弹簧 3 及调节螺钉 4；定子 2 的左边有反馈缸柱塞 6，反馈缸的左端有调节螺钉 7。反馈缸通过控制油路（见图 2-13 中虚线）与外反馈限压式变量叶片泵的压油口相连通。转子 1 的中心 O_1 是固定的，定子 2 可以在右边弹簧力 F 和左边反馈缸液压力 p_A 的作用下左右移动而改变定子 2 相对于转子 1 的偏心距 e。

压油口油液压力为 0 时，定子 2 在右端限压弹簧 3 的作用下位于最左端，这时定子 2 与转子 1 之间的偏心距 e 最大，外反馈限压式变量叶片泵的流量也最大；当压油口压力上升时，油液作用于反馈缸柱塞 6 的力随之增大，当左端油液压力与右端弹簧力相平衡时，定子 2 向右移动，偏心距 e 减小，外反馈限压式变量叶片泵的流量随之减小，当定子 2 的中心与转子 1 的中心重合时，外反馈限压式变量叶片泵的流量为 0，压油口压力不再上升。反之，当压油口压力下降时，定子 2 向左移动，偏心距 e 增大，外反馈限压式变量叶片泵的

流量随之增大。综上所述，外反馈限压式变量叶片泵的流量可随负载的变化自动进行调节。

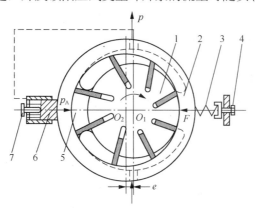

1—转子　2—定子　3—限压弹簧　4、7—调节螺钉　5—配油盘　6—反馈缸柱塞

图2-13　外反馈限压式变量叶片泵的工作原理图

调节螺钉 4 用于调节限压弹簧 3 的预紧力 F（$F=kx_0$，k 为限压弹簧 3 的刚度，x_0 为限压弹簧 3 的预压缩量），也就是调节外反馈限压式变量叶片泵的限定压力 p_B（$p_B=kx_0/A$，A 为反馈缸柱塞 6 的有效面积）。调节螺钉 7 用于调节反馈缸柱塞 6 左移的终点位置，即调节定子 2 与转子 1 的最大偏心距 e_{max}，调节最大偏心距也就是调节外反馈限压式变量叶片泵的最大流量。

2. 内反馈限压式变量叶片泵的工作原理

图2-14 所示为内反馈限压式变量叶片泵的工作原理图，这种泵的工作原理与外反馈限压式变量叶片泵的相似。它没有反馈缸，但在配油盘上的腰形槽位置与 y 轴不对称。在图2-14 中上方压油腔处，定子 3 所受到的液压力 F 在水平方向的分力 F_x 与限压弹簧 5 的预紧力的方向相反。当 F_x 超过限压弹簧 5 的预紧力时，定子 3 向右移动，使定子 3 与转子 2 的偏心距 e_0 减小，从而使内反馈限压式变量叶片泵的流量得以改变。内反馈限压式变量叶片泵的最大流量由调节螺钉 1 调节，内反馈限压式变量叶片泵的限定压力由调节螺钉 4 调节。

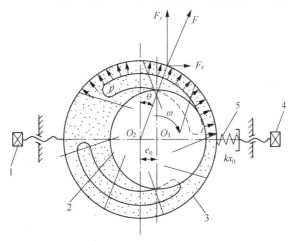

1、4—调节螺钉　2—转子　3—定子　5—限压弹簧

图2-14　内反馈限压式变量叶片泵的工作原理图

3. 限压式变量叶片泵的压力-流量特性曲线

图 2-15 所示为限压式变量叶片泵的压力-流量特性曲线。图 2-15 中 AB 段是限压式变量

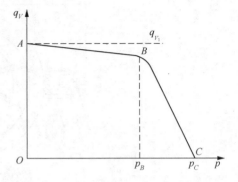

叶片泵的工作压力 p 小于限定压力 p_B 时，偏心距 e 最大、流量也最大的一段。该段为稍微向下倾斜的直线，与定量泵的压力-流量特性相似。这是因为此时限压式变量叶片泵的偏心距不变而压力增大，其泄漏油量稍有增加，限压式变量叶片泵的实际流量稍有减少。图 2-15 中 BC 段是限压式变量叶片泵的变量段。在该段内，限压式变量叶片泵的实际流量随着工作压力的增大而减小。图 2-15 中 B 点称为拐点，

图2-15　限压式变量叶片泵的压力-流量特性曲线

其对应的工作压力为限定压力 p_B，C 点对应的压力 p_C 为泵的极限压力 p_{max}，在该点限压式变量叶片泵的流量为零。

2.3.4　叶片泵的常见故障、原因及排除措施

叶片泵的常见故障、原因及排除措施如表 2-2 所示。

表 2-2　叶片泵的常见故障、原因及排除措施

故障	原因	排除措施
吸不上油，没压力	电机转向不对	纠正电机的旋转方向
	叶片在转子槽内配合过紧	调整叶片
	油面过低，吸不上油液	定期检查油箱内的油液，并加油至油标规定线
	油液黏度过高，使叶片移动不灵活	更换黏度低的油液
	配油盘与壳体接触不良	更换配油盘
噪声和振动严重	有空气进入	详细检查吸油管路和油封的密封情况
	油液黏度过高	适当降低油液黏度
	联轴器的安装同轴度不好或松动	调节同轴度至要求范围内，用螺钉紧固好
	配油盘上的三角形卸荷槽太短	用整形锉刀将其适当修长
	定子曲面拉毛	抛光或修磨
	叶片倒角太小或高度不一致	修磨或更换叶片
输油量不足，无法提高压力	叶片和转子装反	重新装配
	转子槽和叶片的间隙过大	更换叶片
	配油盘内孔磨损严重	修复或更换零件
	叶片和定子内表面接触不良	修复或更换零件

2.4　柱塞泵

【问题引入】

当今世界，为了更好地保护环境，各国都在倡导绿色生产，即以节能、降耗、减污为目标，

以管理和技术为手段，实施工业生产全过程污染控制，使污染物的产生尽量最少。摩擦焊接由于无须填充金属、焊条、焊剂及保护气体，是一种绿色、环保的焊接方法，所以世界各国普遍采用摩擦焊接生产工艺制造石油钻杆。某混合型摩擦焊机采用变量柱塞泵作为其液压系统的动力元件。请思考以下问题。

（1）柱塞泵有哪些类型？

（2）柱塞泵如何工作？

（3）柱塞泵有哪些特点？

（4）柱塞泵的常见故障有哪些？应如何排除？

2.4.1 轴向柱塞泵

柱塞泵是通过柱塞在柱塞孔内往复运动时密封工作腔的容积的变化来实现吸油和排油的。由于柱塞与柱塞孔均为圆柱表面，滑动表面配合精度高，所以这类泵的特点是泄漏少、容积效率高、可以在高压下工作。只要改变柱塞的工作行程就能改变柱塞泵的排量，易于实现单向或双向变量。但是柱塞泵结构较为复杂，有些零件对材料及加工工艺的要求较高，在各类容积式泵中，价格最高。

柱塞泵按柱塞排列方向分为轴向柱塞泵和径向柱塞泵；按结构特点分为斜盘式柱塞泵和斜轴式柱塞泵。

1. 斜盘式轴向柱塞泵工作原理

图 2-16 所示为斜盘式轴向柱塞泵的实物图和工作原理图。它主要由传动轴 9、回转缸体 7、柱塞 5、配油盘 10 和斜盘 1 等组成。斜盘式轴向柱塞泵的柱塞 5 的轴线与回转缸体 7 的轴线平行。斜盘 1 与配油盘 10 固定不动，斜盘 1 的法线与回转缸体 7 的轴线的交角为 γ。回转缸体 7 由传动轴 9 带动旋转。在回转缸体 7 的等径圆周处均匀分布了若干个轴向柱塞孔，在每个柱塞孔内装一个柱塞。带有球头的套筒 4 在中心弹簧 6 的作用下，通过压板 3 使各柱塞头部的滑靴与斜盘 1 靠牢。同时，套筒 8 左端的凸缘将回转缸体 7 与配油盘 10 紧压在一起，消除两者接触面的间隙。

当回转缸体 7 在传动轴 9 的带动下按图 2-16 所示的方向旋转时，在斜盘 1 和压板 3 的作用下，柱塞 5 在回转缸体 7 的各柱塞孔中往复运动。在"配油盘左视图"所示的右半周，柱塞 5 随回转缸体 7 由下向上转动的同时，向左移动，柱塞 5 与柱塞孔底部密封工作腔的容积由小变大，其内压力降低，形成真空，通过配油盘 10 上的吸油窗口从油箱中吸油；在左半周，柱塞 5 随回转缸体 7 由上向下转动的同时，向右移动，柱塞 5 与柱塞孔底部密封工作腔的容积由大变小，其内压力升高，通过配油盘 10 上的压油窗口将油压入液压系统中。

改变斜盘倾角 γ 的大小，就能改变柱塞 5 的行程长度，也就能改变斜盘式轴向柱塞泵的排量；若改变斜盘倾角 γ 的方向，就能改变斜盘式轴向柱塞泵的吸油、压油的方向。因此，斜盘式轴向柱塞泵一般制作成双向变量泵。

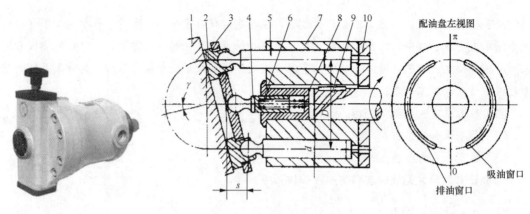

（a）实物图 （b）结构原理图

1—斜盘 2—滑靴 3—压板 4、8—套筒 5—柱塞 6—中心弹簧

7—回转缸体 9—传动轴 10—配油盘

图2-16 斜盘式轴向柱塞泵的实物图和结构原理图

2. CY14-1 型轴向柱塞泵的结构与特点

图 2-17 所示为 CY14-1 型轴向柱塞泵的结构原理图。它由主体部分和变量机构组成。CY14-1 型轴向柱塞泵的主体部分：缸体 18 和配油盘 19 装在泵壳内，缸体 18 与传动轴 20 用花键连接，缸体 18 的 7 个轴向柱塞孔内各装一个柱塞，柱塞 17 的球状头部装在滑靴 21 的球面凹槽内并加以铆合，滑靴 21 的端面与斜盘 4 平面接触。

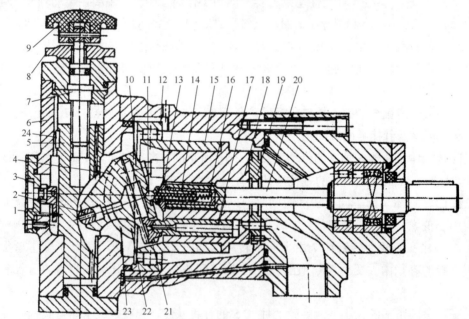

1—拨叉 2—斜盘轴销 3—刻度盘 4—斜盘 5—变量柱塞 6—变量壳体 7—螺杆 8—锁紧螺母 9—调节手轮

10—回程盘 11—钢球 12—圆柱滚子轴承 13—定心弹簧内套 14—定心弹簧外套 15—缸套 16—定心弹簧

17—柱塞 18—缸体 19—配油盘 20—传动轴 21—滑靴 22—耳轴 23—铜瓦 24—导向键

图2-17 CY14-1型轴向柱塞泵的结构原理图

手动变量机构位于 CY14-1 型轴向柱塞泵的左半部，螺杆 7 与变量柱塞 5 采用螺纹连接。转动调节手轮 9 时，变量柱塞 5 沿导向键 24 轴向移动，使斜盘 4 绕钢球 11 的中心转动。调节斜盘 4 的倾角就能改变 CY14-1 型轴向柱塞泵的输出流量，手动变量一般在空载时进行调节，流量调定后将锁紧螺母 8 拧紧。

CY14-1 型轴向柱塞泵具有以下几个特点。

（1）为减小接触比压和减轻磨损，柱塞 17 的头部不是直接顶在斜盘 4 上，而是套上一个青铜滑靴 21，改点接触为面接触，并且把压力油通过柱塞 17 的头部小孔引入滑靴 21 内腔，使滑靴 21 与斜盘 4 的摩擦为液体摩擦。

（2）为改善弹簧的工作条件，将分散布置在柱塞 17 底部的弹簧改为集中定心弹簧 16。一方面弹簧力通过定心弹簧内套 13、钢球 11 和回程盘 10 使滑靴 21 紧贴在斜盘 4 上，以保证该泵的自吸能力；另一方面弹簧力通过定心弹簧外套 14 将缸体 18 压向配油盘 19，保证缸体 18 与配油盘 19 紧密接触。

（3）该泵的传动轴 20 为半轴，它的悬臂端通过缸套 15 支撑在圆柱滚子轴承 12 上。

（4）该泵由主体部分和变量机构组成。斜盘倾角的大小可通过变量机构（左端部分）来改变，从而达到改变该泵的排量和流量的目的。变量机构可以有多种形式，该泵的主体部分与某一变量机构组合，就构成某一种变量形式的泵。

（5）该泵只需调换马达配油盘即可用作液压马达。

3. 轴向柱塞泵的常见故障及排除措施

轴向柱塞泵可以输出较大的流量（400L/min 或更大）；自吸能力强，CY14-1 型轴向柱塞泵油面高度可达 800mm，在结构上容易实现流量调节。其缺点是结构较其他液压泵复杂，材料及加工精度要求较高，制造工作量较大，价格较贵。

由于轴向柱塞泵具有上述特点，因此在需要高压力、大流量及大功率的系统中以及流量需要调节的场合中，都采用轴向柱塞泵。

轴向柱塞泵广泛应用于金属切削机床、起重运输机械、矿山机械、铸锻机械及其他机械设备的液压系统中。

轴向柱塞泵的常见故障、原因及排除措施如表 2-3 所示。

表 2-3 轴向柱塞泵的常见故障、原因及排除措施

故障	原因	排除措施
流量不够	（1）油箱油面过低，油管及过滤器堵塞或阻力太大，以及漏气等 （2）泵壳内预先没有充好油，留有空气 （3）液压泵中心弹簧折断，使柱塞回程不够或不能回程，导致缸体和配油盘之间密封性不佳 （4）配油盘与缸体或柱塞与缸体之间磨损 （5）对于变量泵有两种可能，如为低压可能是因液压泵内部摩擦等，使变量机构不能达到极限位置造成偏角小所致；如为高压，可能是调整误差所致 （6）油温太高或太低	（1）检查储油量，把油加至油标规定线。排除油管堵塞，清洗过滤器，紧固各连接处螺钉，排除漏气 （2）排除泵内空气 （3）更换中心弹簧 （4）磨平配油盘与缸体的接触面单缸研配，更换柱塞 （5）低压时，使变量柱塞及其头部活动自如；高压时，纠正调整误差 （6）根据温升选用合适的油液

续表

故障	原因	排除措施
压力脉动	（1）配油盘与缸体或柱塞与缸体之间磨损，内泄漏或外泄漏过多 （2）对于变量泵可能由于变量机构的偏角太小，使流量过小，内泄漏相对较大，因此不能连续对外供油 （3）伺服活塞与变量柱塞运动不协调，出现偶尔或经常性的脉动 （4）进油管堵塞，阻力大或漏气	（1）磨平配油盘与缸体的接触面，单缸研配，更换柱塞，紧固各连接处螺钉，排除泄漏损失 （2）适当加大变量机构的偏角，排除内部泄漏损失 （3）偶尔脉动，多因油脏造成，可更换新油；经常脉动，可能是配合件研伤或卡阻，应拆下修研 （4）疏通进油管及清洗进油口过滤器，紧固进油管段的连接螺钉
有噪声	（1）泵体内留有空气 （2）油箱液面过低，吸油管堵塞及阻力大，以及漏气等 （3）轴向柱塞泵和电机不同心，使轴向柱塞泵和传动轴受径向力	（1）排除泵体内的空气 （2）按规定加足油液，疏通吸油管，清洗过滤器，紧固进油管段的连接螺钉 （3）重新调整，使电机与轴向柱塞泵同心
发热	（1）内部泄漏损失过大 （2）运动件磨损	（1）修研各密封配合面 （2）修复或更换磨损件
泄漏损失	（1）轴承回转密封圈损坏 （2）各接合处 O 形密封圈损坏 （3）配油盘与缸体或柱塞与缸体之间磨损（会引起回油管外泄漏增加，也会引起高低腔之间的内泄漏） （4）变量柱塞或伺服活塞磨损	（1）检查密封圈及各密封环节，排除内泄漏 （2）更换 O 形密封圈 （3）磨平接触面，配研缸体，单配柱塞 （4）磨损严重时更换
变量机构失灵	（1）控制油道上的单向阀弹簧折断 （2）变量柱塞的头部与变量壳体磨损 （3）伺服活塞、变量柱塞以及弹簧心轴卡死 （4）个别管道堵死	（1）更换弹簧 （2）修复两者的圆弧配合面 （3）机械卡死时，用研磨的方法使各运动件运动灵活；油脏时，更换新油 （4）疏通管道
轴向柱塞泵不能转动（卡死）	（1）柱塞与缸体卡死（可能是油脏或油温太低引起的） （2）滑靴脱落（可能是柱塞卡死，或由负载引起的） （3）柱塞球头折断（原因同上）	（1）油脏时，更换新油，油温太低时，更换黏度较小的油 （2）更换或重新装配滑靴 （3）更换零件

2.4.2　径向柱塞泵

径向柱塞泵的实物图和工作原理图如图 2-18 所示。它主要由定子 1、转子（缸体）2、柱塞 3、配油轴 4 等组成，柱塞 3 径向均匀布置在转子 2 中。转子 2 和定子 1 之间有一个偏心距 e。配油轴 4 固定不动，其上部和下部各有一个缺口，此两缺口又分别通过所在部位的两个轴向孔与径向柱塞泵的吸油口、压油口连通。当转子 2 按图 2-18（b）所示的方向旋转时，上半周的柱塞在离心力作用下外伸，通过配油轴 4 吸油；下半周的柱塞则受定子 1 内表面的推压作用而缩回，通过配油轴 4 压油。移动定子 1 改变偏心距的大小，便可改变柱塞 3 的行程，从而改变排量。若改变偏心距 e 的方向，则可改变吸油、压油的方向。因此，径向柱塞泵可以做成单向变量泵或双向变量泵。

径向柱塞泵的优点是流量大、工作压力较高、便于做成多排柱塞的形式、轴向尺寸小、工作可靠等。其缺点是径向尺寸大、自吸能力差；且配油轴受到径向不平衡液压力的作用，易于磨损；泄漏间隙不能补偿。这些缺点限制了径向柱塞泵的转速和压力的提高。

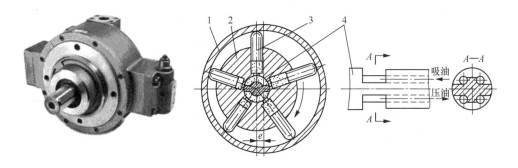

（a）实物图　　　　　　　　　　　　　　　（b）工作原理图

1—定子　2—转子　3—柱塞　4—配油轴

图2-18　径向柱塞泵的实物图和工作原理图

●●● **项目技能训练** ●●●

技能训练 2：液压泵电机选取

本项目包括 1 个技能训练，详见随书提供的技能训练手册。

●●● **项目拓展与自测** ●●●

【拓展作业】

1. 设液压泵转速为 950r/min，排量为 168L/r，在额定压力 29.5MPa 下，测得的实际流量为 150L/min，额定工况下的总效率为 0.87，试求：

（1）该泵的理论流量；

（2）该泵的容积效率；

（3）该泵的机械效率；

（4）该泵在额定工况下，所需的电机驱动功率；

（5）驱动该泵的转矩。

2. 如果与液压泵吸油口相通的油箱是完全封闭的，不与大气相通，液压泵能否正常工作？

3. 试分析图 2-19 所示的外反馈限压式变量叶片泵的压力–流量特性曲线，并叙述改变 AB 段上下位置、BC 段的斜率和拐点 B 的位置的调节方法。

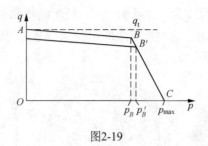

图2-19

4. 图 2-20 所示为轴向柱塞泵的工作原理图。当缸体按图 2-20 所示的方向旋转时，请判断哪个为吸油窗口、哪个为压油窗口。

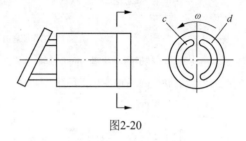

图2-20

【线上自测】

1. 选择题

（1）液压传动是依靠密封工作腔中液体静压力来传递力的，如（　　　）。

    A．万吨水压机　　　　　　　B．离心式水泵　　　　　　　C．水轮机

（2）为了使齿轮泵能连续供油，要求重叠系数 ε（　　　）。

    A．大于 1　　　　　　　　　B．等于 1　　　　　　　　　C．小于 1

（3）齿轮泵泵体的磨损一般发生在（　　　）。

    A．压油腔　　　　　　　　　B．吸油腔　　　　　　　　　C．连心线两端

（4）下列属于定量泵的是（　　　）。

    A．齿轮泵　　　　　　　　　B．单作用叶片泵　　　　　　C．径向柱塞泵

（5）液压泵常用的压力中，（　　　）是随外负载变化而变化的。

    A．液压泵的工作压力

    B．液压泵的最高允许压力

    C．液压泵的额定压力

2. 判断题

（1）双作用叶片泵可以做成变量泵。（　　　）

（2）外啮合齿轮泵的困油现象是可以消除的。（　　　）

（3）斜盘式轴向柱塞泵可以通过改变斜盘倾角大小来改变其流量。（　　　）

（4）齿轮泵的进油口、出油口大小相等。（　　　）

（5）单作用叶片泵的叶片是径向安装的。（　　　）

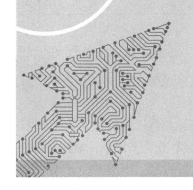

项目3
液压执行元件的认识

03

●●● 项目信息 ●●●

【项目概述】

液压系统中的执行元件有两种：液压马达和液压缸。它们都可以将液体的压力能转换成机械能，不同的是液压马达输出连续回转运动或摆动，而液压缸输出往复直线运动。

本项目主要介绍各类液压缸与液压马达的结构、原理、特点及性能参数计算。

【项目目标】

本项目的目标包括：①认识各种液压马达的图形符号；②熟练进行液压马达性能参数计算；③掌握液压马达的工作原理；④掌握液压缸的工作原理；⑤熟练进行液压缸性能参数计算；⑥会进行液压缸的安装；⑦养成严谨细致的工作态度；⑧增强环保意识。

●●● 项目知识学习 ●●●

3.1 液压马达

【问题引入】

通常情况下，机械的旋转运动可通过电机来实现。电机的价格便宜且供应方便。但是在电机不能满足需求的特殊场合，例如需要大范围无级变速或结构要求紧凑的地方，就要采用液压马达。液压清扫车是一种常见的维护环境卫生的设备，它在进行清扫时，其盘刷的旋转就是依靠液压马达驱动完成的。请思考以下问题。

（1）液压马达有哪些种类？

（2）液压马达如何工作？

（3）液压马达有哪些性能参数？各性能参数之间有什么关系？

3.1.1 液压马达分类与性能参数

1. 液压马达的分类及图形符号

液压马达与液压泵是结构相似、原理互逆的。由于液压马达和液压泵的工作条件不同，对它们的性能要求也不一样，所以同类型的液压马达和液压泵存在许多差别：液压马达应能实现正、反转，因此要求其内部结构对称；液压马达的转速范围需要足够大，特别是对它的最低稳定转速有一定要求，因此它通常都采用滚动轴承或静压滑动轴承；液压马达在输入压力油的条件下工作，因此不必具备自吸能力，但需要一定的初始密封性，这样才能提供必要的启动转矩。

液压马达按其结构类型来分，可以分为齿轮式液压马达、叶片式液压马达、柱塞式液压马达等；液压马达按排量是否可变来分，可分为定量液压马达和变量液压马达；按进、排油方向来分，可分为单向液压马达和双向液压马达；按液压马达的额定转速来分，可分为高速马达和低速马达。一般认为额定转速大于等于500r/min的属于高速马达，额定转速小于500r/min的属于低速马达。高速马达的主要特点是转速高、转动惯量小、便于启动和制动、调速和换向灵敏度高，而输出的转矩不大，仅几十牛顿·米到几百牛顿·米，故又称高速小转矩马达。这类液压马达主要有内、外啮合式齿轮式液压马达，叶片式液压马达和轴向柱塞式液压马达。低速马达的基本形式是径向柱塞式液压马达。其主要特点是排量大、体积大、低速稳定性好，一般可在10r/min以下平稳运转，因此可以直接与工作机构连接，不需要减速装置，使机械传动机构大大简化。因其输出转矩较大，可以达到几千牛顿·米到几万牛顿·米，所以又称为低速大转矩马达。

不同类型液压马达的图形符号如图3-1所示。

 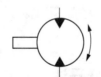 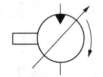 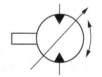

（a）单向定量液压马达　　（b）双向定量液压马达　　（c）单向变量液压马达　　（d）双向变量液压马达

图3-1　不同类型液压马达的图形符号

各类液压马达的应用范围如表3-1所示。

表3-1　各类液压马达的应用范围

<table>
<tr><th colspan="3">类型</th><th>适用工况</th><th>应用实例</th></tr>
<tr><td rowspan="4">高速小转矩马达</td><td rowspan="2">齿轮式液压马达</td><td>外啮合式</td><td>适用于高速小转矩、速度平稳性要求不高、对噪声限制不大的场合</td><td rowspan="2">钻床、风扇、工程机械、农业机械、林业机械的回转机液压系统</td></tr>
<tr><td>内啮合式</td><td>适用于高速小转矩、对噪声限制大的场合</td></tr>
<tr><td colspan="2">叶片式液压马达</td><td>适用于转矩不大、噪声小、调速范围宽的场合。低速平稳性好，可用作伺服液压马达</td><td>磨床回转工作台、机床操纵机构、自动线及伺服机构的液压系统</td></tr>
<tr><td colspan="2">轴向柱塞式液压马达</td><td>适用于负载速度大、有变速要求或中高速小转矩的场合</td><td>起重机、绞车、铲车、内燃机车、数控机床等的液压系统</td></tr>
</table>

续表

类型			适用工况	应用实例
低速大转矩马达	径向柱塞式液压马达	曲轴连杆式	适用于低速大转矩的场合，启动性较差	塑料机械、行走机械、挖掘机、拖拉机、起重机、采煤机牵引部件等的液压系统
		内曲线式	适用于低速大转矩、调速范围较宽、启动性好的场合	
		摆缸式	适用于低速大转矩的场合	

2. 液压马达的性能参数

液压马达的主要性能参数有压力、排量、流量、转速、转矩、效率和功率等。下面重点介绍以下几种。

液压马达性能参数

（1）压力

额定压力：液压马达工作过程中允许的最大工作压力，也称公称压力，受零件强度和泄漏的限制。

工作压力：实际工作时输入给液压马达的油液的压力，由负载决定。

工作压差：液压马达的入口压力和出口压力的差值称为液压马达的工作压差。

（2）排量

在不考虑泄漏的情况下，液压马达每转一周，因其密封工作腔有效容积变化而输出的液体的体积称为液压马达的排量，用 V 表示。

（3）流量

在不考虑泄漏的情况下，单位时间内输入液压马达的液体的体积称为液压马达的理论流量，用 q_t 表示。若液压马达的转速为 n，则 $q_t=Vn$。

液压马达入口处实际输入的流量称为液压马达的实际流量，用 q 表示。

实际流量和理论流量之差即液压马达的泄漏量，用 Δq 表示。

（4）效率

容积效率 η_V 是理论流量与实际流量的比值，用来衡量泄漏量大小，即

$$\eta_V = \frac{q_t}{q} \tag{3-1}$$

机械效率 η_m 是理论输出转矩 T_t 与实际输出转矩 T 的比值，用来衡量机械摩擦损失大小，即

$$\eta_m = \frac{T_t}{T} \tag{3-2}$$

容积效率与机械效率的乘积即为总效率。

（5）功率

液压马达的输入功率 P_i 为工作压差与流量的乘积，即

$$P_i = \Delta p \cdot q \tag{3-3}$$

液压马达的输出功率 P_o 为输出转矩与角速度的乘积，即

$$P_o = T\omega = 2\pi nT \tag{3-4}$$

液压马达的总效率等于液压马达的输出功率 P_o 和输入功率 P_i 之比，即

$$\eta = \frac{P_o}{P_i} \tag{3-5}$$

3.1.2 液压马达的工作原理

1. 齿轮式液压马达

齿轮式液压马达的实物图和工作原理图如图 3-2 所示，图 3-2（b）中 C 点为两齿轮的啮合点。设齿轮的齿高为 h，啮合点 C 到两齿根的距离分别为 a 和 b，由于 a 和 b 都小于 h，所以当压力油从进油口进入，作用在齿面上时（如图中箭头所示，凡齿面两边受力平衡的部分都未用箭头表示），齿轮Ⅰ受到逆时针方向的合力矩，齿轮Ⅱ受到顺时针方向的合力矩，两齿轮按图 3-2（b）所示的方向旋转，并将油液带到出油口排出。

液压马达工作原理

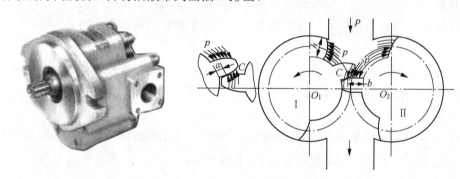

（a）实物图　　　　　　　　　　　（b）工作原理图

图3-2　齿轮式液压马达的实物图和工作原理图

齿轮式液压马达的结构与齿轮泵相似，但有以下特点。

（1）进出油道对称，孔径相等，这使齿轮式液压马达能正、反转。

（2）采用外泄漏油孔，因为齿轮式液压马达的回油腔压力往往高于大气压力，采用内部泄油会把轴端油封冲坏。特别是当齿轮式液压马达反转时，原来的回油腔变成压油腔，该情况将更严重。

（3）多数齿轮式液压马达采用滚动轴承支撑，以减小摩擦力，便于齿轮式液压马达启动。

（4）不采用端面间隙补偿装置，以免增大摩擦力矩。

（5）齿轮式液压马达的卸荷槽对称分布。

齿轮式液压马达由于密封性较差、容积效率较低，输入的油压不能过高，因而不能产生较大转矩，并且它的转速和转矩都是随着齿轮的啮合情况而脉动的。因此，齿轮式液压马达一般多用于高转速、小转矩、速度平稳性要求不高、对噪声限制不大的场合，如工程机械、农业机械、林业机械的回转机液压系统。

2. 叶片式液压马达

常用的叶片式液压马达为双作用式，所以不能作为变量泵使用。其实物如图 3-3（a）

所示，其结构原理图如图3-3（b）所示。压力油从进油口进入叶片之间，位于进油腔的叶片有叶片3、叶片4、叶片5和叶片7、叶片8、叶片1两组。分析叶片受力情况可知，叶片4和叶片8两侧均受高压油的压力的作用，作用力互相抵消不产生转矩。叶片3、叶片5和叶片7、叶片1所承受的压力不能抵消，产生一个顺时针方向的力矩 M，而处在回油腔的叶片1、叶片2、叶片3和叶片5、叶片6、叶片7两组叶片，由于回油腔中压力很低，所产生的力矩可忽略不计，因此，转子在力矩 M 的作用下按顺时针方向旋转。若改变输油方向，则叶片式液压马达反转。

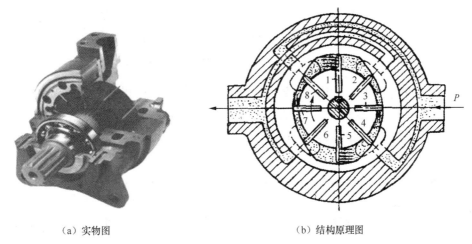

（a）实物图 （b）结构原理图

图3-3 叶片式液压马达的实物图和结构原理图

叶片式液压马达与叶片泵在结构上主要有以下区别。

（1）叶片槽是径向设置的，这是因为叶片式液压马达有双向旋转的要求。

（2）叶片的底部有碟形弹簧，以保证在初始条件下叶片贴紧定子内表面，形成密封工作腔。

（3）叶片泵的壳体内有两个单向阀，进油腔、回油腔的油经单向阀选择后才能进入叶片底部。

叶片式液压马达外形尺寸小、转动惯量小、动作灵敏，可适用于换向频率较高的场合；其缺点是泄漏量较大、不能在很低的转速下工作。因此叶片式液压马达一般用于高转速、小转矩、动作要求灵敏、调速范围宽的液压系统中，如磨床回转工作台、机床操纵机构、自动线及伺服机构的液压系统。

3. 轴向柱塞式液压马达

图 3-4 所示为轴向柱塞式液压马达的实物图和结构原理图。斜盘 1 和配油盘 4 固定不动，柱塞 2 可在回转缸体 3 的孔内移动。斜盘 1 的中心线与回转缸体 3 的中心线间的倾角为 γ。高压油经配油盘 4 的窗口进入回转缸体 3 的柱塞孔时，处在高压腔中的柱塞 2 被顶出，压在斜盘 1 上。斜盘 1 对柱塞 2 的反作用力 F，可分解为与柱塞 2 上液压力平衡的轴向分力 F_x 和作用在柱塞 2 上（与斜盘 1 接触处）的垂直分力 F_y。同理，所有处于压力油液作用范围中的柱塞都会受到斜盘的反作用力并产生垂直分力。垂直分力 F_y 使回转缸体 3 产生转矩，带动轴向柱塞式液压马达的轴转动。

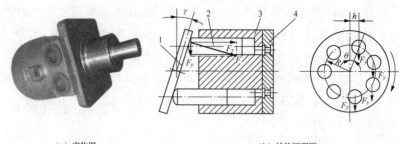

（a）实物图　　　　　　　　　　　（b）结构原理图

1—斜盘　2—柱塞　3—回转缸体　4—配油盘

图3-4　轴向柱塞式液压马达的实物图和结构原理图

轴向柱塞式液压马达适用于负载速度大、有变速要求或中高速、小转矩的场合。如起重机、绞车、铲车、内燃机车、数控机床等的液压系统。

4. 径向柱塞式液压马达的工作原理

图 3-5 所示为连杆型径向柱塞式液压马达的结构原理图。在壳体 1 内有 5 个沿径向均匀分布的柱塞缸，柱塞 2 通过球铰与连杆 3 相连。连杆 3 的另一端与曲轴 4 的偏心轮外圆接触。配油轴 5 与曲轴 4 通过联轴器相连。

压力油经配油轴 5 进入连杆型径向柱塞式液压马达的进油腔后，通过壳体槽①、②、③进入相应柱塞缸的顶部，作用在柱塞 2 上的液压作用力 F_N 通过连杆 3 作用于偏心轮中心 O_1。它的切向力 F_τ 对曲轴 4 的旋转中心形成转矩 T，使曲轴 4 逆时针转动。由于 5 个柱塞缸的位置不同，所以产生转矩的大小也不同。曲轴 4 输出的总转矩等于与高压腔相连通的柱塞 2 所产生的转矩之和。此时柱塞缸④、⑤与排油腔相连通，油液经配油轴 5 流回油箱。曲轴 4 旋转时带动配油轴 5 同步旋转。因此配油状态不断发生变化，从而保证曲轴 4 连续旋转。若进油腔、排油腔互换，则连杆型径向柱塞式液压马达反转，过程与以上相同。

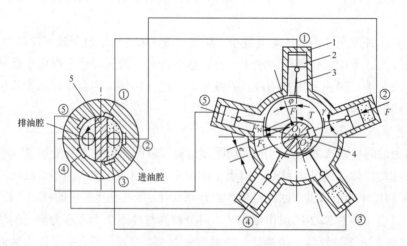

1—壳体　2—柱塞　3—连杆　4—曲轴　5—配油轴

图3-5　连杆型径向柱塞式液压马达结构原理图

径向柱塞式液压马达是低速大转矩液压马达的基本形式。它的特点是输入油液压力高、排量大、低速稳定性好、输出转矩大。

　　5. 摆动液压马达

　　摆动液压马达是实现往复摆动的执行元件，输入为压力和流量，输出为转矩和角速度。摆动液压马达的结构比连续旋转的液压马达的结构简单，叶片式摆动液压马达应用较多。

　　叶片式摆动液压马达有单叶片式和双叶片式两种。图 3-6 所示为单叶片式摆动液压马达的结构原理图（图中带箭头的实线和虚线表示两种不同进油方式下叶片的摆动方向）。单叶片式摆动液压马达的轴 3 上装有叶片 4，叶片 4 和封油隔板 2 将缸体 1 内的密封空间分为两腔。当摆动液压马达的一个油口接通压力油，而另一个油口接通回油时，叶片 4 在油压作用下往一个方向摆动，带动轴 3 偏转一定的角度（小于 360°）；当进油、回油的方向改变时，叶片 4 就带动轴 3 往相反的方向偏转。

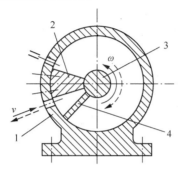

1—缸体　2—封油隔板　3—轴　4—叶片

图3-6　单叶片式摆动液压马达的结构原理图

　　双叶片式摆动液压马达的摆动角度一般不超过 150°，其轴的输出转矩是单叶片式的两倍，而角速度是单叶片式的一半。

　　摆动液压马达结构紧凑、输出转矩大，但密封较困难，一般只用于中、低压系统。随着结构和工艺的改进，密封材料性能的改善，其应用范围已扩大到中、高压系统。

3.2　液压缸

【问题引入】

　　液压压力机主轴工作时要上下运动，必须依靠液压系统中的执行元件来带动，这个元件通常是液压缸，请思考以下问题。

　　（1）液压缸有哪几种？

　　（2）液压缸是如何工作的？

　　（3）如何安装液压缸？

3.2.1　活塞式液压缸

　　液压缸按结构形式可分为活塞式液压缸（简称活塞缸）、柱塞式液压缸（简称柱塞缸）、组合式液压缸（简称组合缸）等。其中，活塞缸应用非常广泛。液压缸按供油方向可分为单作用式液压缸和双作用式液压缸。单作用式液压缸是指液压缸只在一个方向依靠油液压力推动，回程依靠其他力如自身重力或弹簧力推动。双作用式液压缸是指液压缸在进程和回程都依靠油液压力推动。

活塞缸按结构不同又可分为单活塞杆式和双活塞杆式两种。

1. 单活塞杆双作用活塞缸

单活塞杆双作用活塞缸的活塞只有一端带有活塞杆，其活塞两侧液压油的有效作用面积不同，如图 3-7 所示。其工作情况可以分为 3 种：图 3-7（a）所示是无杆腔进油，有杆腔回油；图 3-7（b）所示是有杆腔进油，无杆腔回油；图 3-7（c）所示是无杆腔和有杆腔都连通压力油，这种情况称为差动连接。在这 3 种情况下，活塞杆的运动速度和输出力各不相同。

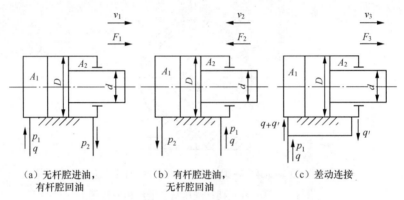

(a) 无杆腔进油，　　　(b) 有杆腔进油，　　　(c) 差动连接
　有杆腔回油　　　　　　无杆腔回油

图3-7　单活塞杆双作用活塞缸的工作原理图

（1）无杆腔进油，有杆腔回油

如图 3-7（a）所示，无杆腔进油，有杆腔回油，活塞向右移动。

① 活塞运动速度

$$v_1 = \frac{q}{A_1} = \frac{4q}{\pi D^2} \tag{3-6}$$

② 活塞输出作用力

$$F_1 = p_1 A_1 - p_2 A_2 = \frac{\pi}{4} \left[D^2 p_1 - (D^2 - d^2) p_2 \right] \tag{3-7}$$

当回油直接排回油箱时，若回油腔压力（背压）很小，可以略去不计，则

$$F_1 = p_1 A_1 = \frac{\pi}{4} D^2 p_1 \tag{3-8}$$

（2）有杆腔进油，无杆腔回油

如图 3-7（b）所示，有杆腔进油，无杆腔回油，活塞向左移动。

① 活塞运动速度

$$v_2 = \frac{q}{A_2} = \frac{4q}{\pi(D^2 - d^2)} \tag{3-9}$$

② 活塞输出作用力

$$F_2 = p_1 A_2 - p_2 A_1 = \frac{\pi}{4}\left[\left(D^2 - d^2\right)p_1 - D^2 p_2\right] \qquad (3\text{-}10)$$

若背压可忽略不计，则有

$$F_2 = \frac{\pi}{4}(D^2 - d^2)p_1 \qquad (3\text{-}11)$$

（3）差动连接

差动连接时，由于有杆腔的有效工作面积小于无杆腔的有效工作面积，因此活塞向右移动。

① 活塞运动速度

$$v_3 = \frac{q}{A_1 - A_2} = \frac{4q}{\pi d^2} \qquad (3\text{-}12)$$

② 活塞输出作用力

$$F_3 = p_1(A_1 - A_2) = \frac{\pi}{4}d^2 p_1 \qquad (3\text{-}13)$$

2. 双活塞杆双作用活塞缸

图 3-8 所示为双活塞杆双作用活塞缸的工作原理图。若双活塞杆双作用活塞缸两侧的活塞杆直径相同，两腔的有效工作面积也相同，当输入流量为 q，进油压力为 p_1，回油压力为 p_2 时，活塞往返时的运动速度以及输出作用力一致。

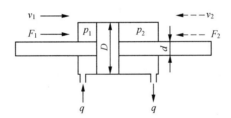

图3-8 双活塞杆双作用活塞缸的工作原理图

（1）活塞运动速度

$$v_1 = v_2 = \frac{4q}{\pi(D^2 - d^2)} \qquad (3\text{-}14)$$

（2）活塞输出作用力

$$F_1 = F_2 = \frac{\pi}{4}(D^2 - d^2)(p_1 - p_2) \qquad (3\text{-}15)$$

3. 活塞式液压缸结构

图 3-9 所示为单活塞杆双作用活塞缸的实物图和结构原理图。由图 3-9 可知，单活塞杆双作用活塞缸的左、右两腔通过油口 A 和油口 B 进、出油液，以实现活塞杆 16 的双向运动。活塞 5 用卡环 4、套环 3 和弹簧挡圈 2 等定位。活塞 5 上套有一个用聚四氟乙烯制成的支撑

环 7，其密封则靠一对 Y 形密封圈 9 保证。O 形密封圈 6 用于防止活塞杆 16 与活塞 5 的内孔配合处产生泄漏。导向套 12 用于保证活塞杆 16 不偏离中心，它的外径和内孔配合处都有密封圈。此外缸盖 13 上还有防尘圈 15，活塞杆 16 的左端带有缓冲柱塞等。图 3-9（c）所示为单活塞杆双作用活塞缸的图形符号。

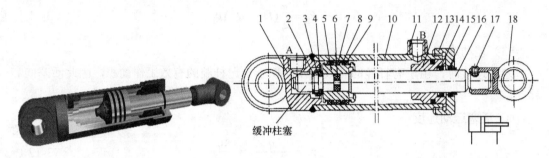

（a）实物图　　　　　　　　　　　　　　　　（b）结构原理图　　　　　（c）图形符号

1—缸底　2—弹簧挡圈　3—套环　4—卡环　5—活塞　6—O 形密封圈　7—支撑环　8—挡圈　9—Y 形密封圈　10—缸筒　11—管接头　12—导向套　13—缸盖　14—密封圈　15—防尘圈　16—活塞杆　17—定位螺钉　18—耳环

图3-9　单活塞杆双作用活塞缸的实物图、结构原理图和图形符号

从上面的例子可以看到，活塞缸的结构基本可以分为缸筒、缸底、缸盖、活塞、活塞杆、密封装置、缓冲装置和排气装置等。

（1）缸筒、缸底、缸盖

缸筒是活塞缸的主体，必须具有足够的强度，能长期承受最高工作压力，缸筒内壁应具有足够的耐磨性、高的几何精度和低的表面粗糙度，以承受活塞频繁往复摩擦，保证活塞密封件的可靠密封。

缸筒的结构主要取决于其与缸盖、缸底的连接形式。在缸筒的入口处及有密封装置的孔、槽处，为了装配时不损坏密封件，缸筒内壁应加工成 15°的坡口，如图 3-10 所示。

当缸筒上焊有缸底、耳环或管接头等零件时，宜采用 35 钢，并在加工后调质处理；当缸筒上无焊接零件时，一般采用 45 钢，调质处理，也可用锻钢、铸钢等材料。当其承受很大负载时，常采用高强度合金无缝钢管制作缸筒。缸盖材料常用 35 钢、40 钢锻件，或 ZG270-500、

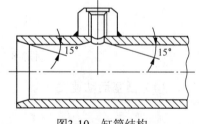

图3-10　缸筒结构

ZG310-570 等铸钢及 HT250、HT300 等灰铸铁件。缸底材料常用 35 钢或 45 钢的锻件、铸件或焊接制成，也可采用球墨铸铁或灰铸铁。

缸筒与缸底的连接有多种形式，比如焊接、螺纹连接、卡键连接、法兰连接等，考虑到使用的安全性，目前多采用焊接。缸筒与缸盖的连接也有多种形式，比如焊接、螺纹连接、卡键连接、法兰连接等，考虑到维修、拆装方便，目前多采用螺纹连接。

（2）活塞与活塞杆

活塞杆是活塞缸传递力的主要零件，由于活塞缸被用于各种不同的场合，因此要求活

塞杆能经受压缩、拉伸、弯曲、振动、冲击等载荷作用，还必须具有耐磨和抗腐蚀等性能。

活塞杆可用 35 钢、45 钢做成实心的也可用无缝钢管做成空心的。活塞杆的强度一般是足够的，主要需要考虑细长活塞杆在受压时的稳定性。

活塞杆表面可镀铬（白铬或黄铬）并抛光，以提高其耐磨性和抗腐蚀性。对于碰撞较多的活塞缸的活塞杆（比如挖掘机、推土机、装载机等液压传动系统中的活塞缸的活塞杆），工作表面宜先经过高频淬火或火焰淬火（淬火深度 0.5～1.0mm，硬度 50～60HRC）。对于空心杆，其结构的一端须留出焊接和热处理用的通气孔。

活塞材料通常采用钢或耐磨铸铁，有时也用黄铜或铝合金。活塞与活塞杆连接形式很多。在高压大负载下常采用焊接，在一般负载下多采用螺纹连接，但需备有螺母防松装置。

（3）缓冲装置

为了避免活塞在行程两端撞击缸盖或缸底，产生噪声，影响工作精度甚至损坏机件，常在活塞缸两端设置缓冲装置。图 3-11 所示为缓冲装置的结构原理图。图 3-11（a）中，当缓冲柱塞进入与其相配合的缸底上的内孔时，液压油必须通过间隙才能排出，使活塞的运动速度降低。由于配合间隙是不变的，因此随着活塞的运动速度的降低，其缓冲作用逐渐减弱。图 3-11（b）中，当缓冲柱塞进入配合孔后，液压油必须经节流阀排出。由于节流阀是可调的，因此缓冲作用也可调节，但仍不能解决活塞的运动速度降低后缓冲作用减弱的问题。图 3-11（c）中，在缓冲柱塞上开有三角形节流槽，其通流面积越来越小，这在一定程度上可解决在行程最后阶段缓冲作用过弱的问题。

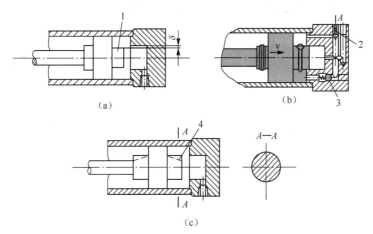

1—缓冲柱塞　2—针形节流阀　3—单向阀　4—三角形节流槽

图3-11　缓冲装置的结构原理图

（4）排气装置

液压传动系统在安装过程中或长时间停止工作之后，难免会渗入空气，另外工作介质中也会有空气，由于空气具有可压缩性，将使执行元件产生爬行、噪声和发热等一系列不正常现象。因此，在设计活塞缸的结构时，要保证能及时排出积留在活塞缸内的空气。一般在活塞缸的最高部位设置专门的排气装置，如排气螺钉、排气阀等，如图 3-12 所示，以便活塞缸内的空气逸出液压缸。

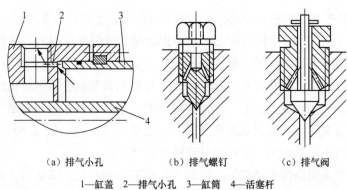

（a）排气小孔　　　（b）排气螺钉　　　（c）排气阀

1—缸盖　2—排气小孔　3—缸筒　4—活塞杆

图3-12　液压缸的排气装置

3.2.2　柱塞式液压缸

柱塞缸由缸筒 1、柱塞 2、导向套 3、弹簧卡圈 4 和压盖等组成，如图 3-13 所示，柱塞 2 套在导向套 3 里，和缸筒 1 的内壁不接触，因此缸筒 1 的内孔不需要精加工，制造成本低。

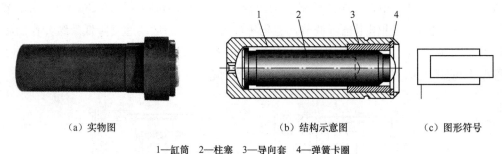

（a）实物图　　　　　　　　（b）结构示意图　　　　　　（c）图形符号

1—缸筒　2—柱塞　3—导向套　4—弹簧卡圈

图3-13　柱塞缸的实物图、结构示意图和图形符号

图 3-14（a）所示为柱塞缸单个使用时的工作原理图。当压力油进入缸筒时，推动柱塞并带动运动件向右运动，若柱塞的直径为 d，输入液压油流量为 q，压力为 p，则柱塞上产生的推力 F 和速度 v 分别为

$$F = pA = p\frac{\pi}{4}d^2 \tag{3-16}$$

$$v = \frac{q}{A} = \frac{4q}{\pi d^2} \tag{3-17}$$

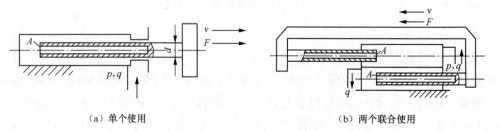

（a）单个使用　　　　　　　　　　　（b）两个联合使用

图3-14　柱塞缸的工作原理图

柱塞缸是单作用式液压缸，如果要实现双向运动，可将两个柱塞缸联合使用，如图3-14（b）所示，每个柱塞缸控制一个方向的运动。

柱塞缸的柱塞端面是受压面，其面积的大小决定柱塞缸的输出速度和推力。为保证柱塞缸有足够的推力和稳定性，一般柱塞较粗，质量较大，水平安装时其下侧易磨损，故柱塞缸宜竖直安装。为减轻柱塞的质量，可将其制成空心的。柱塞缸结构简单，加工方便，常用于工作行程较长的场合，如大型拉床、矿用液压支架、大型液压机等。

3.2.3　组合式液压缸

除了活塞缸和柱塞缸，为了满足特定的需求，还有各种组合式液压缸，如伸缩缸、增压缸、齿条活塞缸等。

1．伸缩缸

伸缩缸也称多级缸，它由两级或多级活塞缸套装而成，前一级活塞缸的活塞是后一级活塞缸的缸体，其实物如图3-15所示。伸缩缸工作时外伸动作逐级进行，首先是最大直径的缸体外伸，当其到达行程终点时，稍小直径的缸体开始外伸。由于有效工作面积逐级减小，因此，当输入流量相同时，外伸速度逐级增大；负载恒定时，伸缩缸的工作压力逐级增大。空载缩回时，小活塞先缩回，大活塞后缩回，收缩后伸缩缸总长度较短，占用空间较小，结构紧凑。伸缩缸常用于工程机械和行走机械，如自卸汽车举升缸、起重机伸缩臂缸等。

图3-15　伸缩缸的实物图

2．增压缸

增压缸也称增压器，可将输入的低压油转变为高压油供给高压支路使用。在液压系统中，当整个系统需要低压，但局部需要高压时，为避免增设高压泵、降低成本，可以使用增压缸。图 3-16 所示的增压缸由直径分别为 D 和 d 的两个液压缸串联而成，大液压缸为原动缸，小液压缸为输出缸。设原动缸的输入压力为 p_1，输出缸的输出压力为 p_2，根据力平衡关系，有如下等式：

$$\frac{\pi}{4}D^2 p_1 = \frac{\pi}{4}d^2 p_2 \qquad （3-18）$$

整理得

$$p_2 = \frac{D^2}{d^2} p_1 \qquad （3-19）$$

式中，D^2/d^2——增压比。

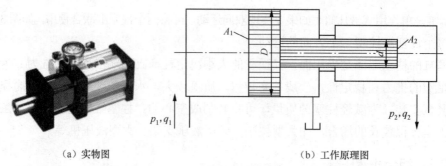

（a）实物图　　　　　　　　　　　　　（b）工作原理图

图3-16　增压缸的实物图和工作原理图

3. 齿条活塞缸

图 3-17 所示为齿条活塞缸的实物图和工作原理图，它由带有齿条活塞的双作用活塞缸和齿轮齿条机构组成。当齿条活塞缸左腔进油、右腔回油时，齿条活塞向右运动，齿条带动齿轮逆时针旋转；当齿条活塞缸右腔进油、左腔回油时，齿条活塞向左运动，带动齿轮顺时针旋转。齿条活塞缸常用于机械手、磨床的进给机构，回转工作台的转位机构和回转夹具等。

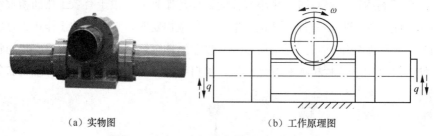

（a）实物图　　　　　　　　　　　　　（b）工作原理图

图3-17　齿条活塞缸的实物图和工作原理图

●●● 项目技能训练 ●●●

技能训练 3：液压马达转速测定

技能训练 4：机床液压缸流量计算

本项目包括 2 个技能训练，详见随书提供的技能训练手册。

●●● 项目拓展与自测 ●●●

【拓展作业】

1．已知某液压马达的排量 $V=250\text{mL/r}$，入口压力 $p_1=10.5\text{MPa}$，出口压力 $p_2=1.0\text{MPa}$，其总效率 $\eta=0.9$，容积效率 $\eta_V=0.92$，当输入流量 $q=22\text{L/min}$ 时，试求液压马达的实际转速 n 和液压马达的输出转矩 T。

2．如图 3-18 所示，两个结构、尺寸相同的液压缸串联，其有效工作面积 $A_1=100\mathrm{cm}^2$、$A_2=80\mathrm{cm}^2$，$p_1=1\mathrm{MPa}$，液压泵的流量 $q_1=12\mathrm{L/min}$。若不计摩擦损失和泄漏，则：

（1）两液压缸负载相同时，两液压缸的负载和速度各为多少？

（2）液压缸 1 不受负载作用时，液压缸 2 能承受多大负载？

（3）液压缸 2 不受负载作用时，液压缸 1 能承受多大负载？

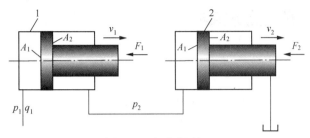

图3-18 串联液压缸

3．某差动连接的液压缸中，已知进油流量 $q=30\mathrm{L/min}$，进油压力 $p=4\mathrm{MPa}$，要求活塞往复运动的速度均为 $6\mathrm{m/min}$，试计算此液压缸缸筒内径 D 和活塞杆直径 d，并求输出推力 F。

4．某液压系统执行元件为双活塞杆双作用活塞缸，液压缸的工作压力 $p=3.5\mathrm{MPa}$，活塞直径 $D=0.09\mathrm{m}$，活塞杆直径 $d=0.04\mathrm{m}$，工作进给速度 $v=0.0152\mathrm{m/s}$。液压缸能克服多大阻力？液压缸所需流量为多少？

【线上自测】

1．单选题

（1）液压缸差动连接时，液压缸的（ ）。

　　A．运动速度增加　　　　　B．运动速度不变　　　C．运动速度减少

（2）在某一液压设备中需要一个能够实现很长工作行程的液压缸，宜采用（ ）。

　　A．单活塞杆双作用活塞缸　B．柱塞缸　　　　　　C．伸缩缸

（3）液压缸是液压系统的（ ）。

　　A．动力元件　　　　　　　B．执行元件　　　　　C．控制元件

（4）在液压传动中，液压缸的（ ）取决于流量。

　　A．压力　　　　　　　　　B．负载　　　　　　　C．速度

（5）要求机床工作台往复运动速度相同时，应采用（ ）液压缸。

　　A．双活塞杆双作用活塞式　B．伸缩式　　　　　　C．单个柱塞式

2．判断题

（1）柱塞缸适用于行程比较长的场合。（ ）

（2）液压马达的进油口和出油口对称设置以满足其正、反转的需求。（ ）

（3）液压马达的理论流量大于其实际流量。（ ）

（4）叶片式液压马达适合用作低速马达。（ ）

（5）径向柱塞式液压马达适合用作低速马达。（ ）

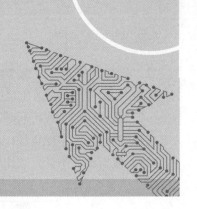

04 ▷ 项目4 ◁
液压控制元件的认识

●●● 项目信息 ●●●

【项目概述】

任何一个液压系统，不论其多么简单，都不能缺少液压控制元件。液压控制元件即各种液压阀，其作用是通过控制、调节液压系统中的油液流向、压力和流量，使执行元件及其驱动的工作机构获得所需的方向、推力（转矩）及速度。

【项目目标】

本项目的目标包括：①能够识别各种液压阀的图形符号；②理解各种液压阀的工作原理；③掌握各种液压阀的作用；④能够正确选用各种液压阀；⑤能够正确安装各种液压阀；⑥养成严谨细致的工作态度；⑦增强规则意识。

●●● 项目知识学习 ●●●

4.1 方向控制阀的认识

【问题引入】

有了交通灯的控制，车辆和行人才能实现安全、有序通行。方向控制阀在液压系统中的作用类似交通灯，它可以控制油液的流动方向，进而控制执行元件的动作方向。图 4-1 所示的剪叉式液压升降台是一种用于人员登高作业的升降设备，它由主机和液压系统两部分组成。主机由支腿、底盘、驱动装置、工作台和升降机构等组成。为保证作业安全，升降台工作前需要先将支腿放下；升降台工作过程中，支腿保持支撑状态；升降台回落后，支腿要收回。支腿动作方向的变化需要通过方向控制阀来完成。请思考以下问题。

（1）方向控制阀有哪些？

（2）不同的方向控制阀各起什么作用？

（3）应如何选用方向控制阀以实现预期功能？

图4-1 剪叉式液压升降台

4.1.1 换向阀

换向阀是方向控制阀的一种，其作用是通过变换阀芯在阀体内的相对工作位置，使阀体各油口连通或断开，从而控制执行元件的换向或启停。

1. 换向阀的工作原理

换向阀的工作原理图如图 4-2 所示。阀芯 2 可在阀体 1 中左右移动。阀芯 2 各处横截面的面积大小不同，横截面面积大的位置，阀体 1 与阀芯 2 紧密配合，油液无法通过；横截面面积小的位置，阀芯 2 与阀体 1 之间形成环状缝隙，油液可通过。阀芯 2 处于图 4-2 所示的位置时，其外部 4 个油口 P、T、A、B 之间互不连通。若油口 P 与液压泵相连，油口 T 与油箱相连，油口 A、油口 B 分别与双作用液压缸的两个油口相连，则液压缸处于静止状态。当阀芯 2 向左移动时，油口 P 与油口 A 相连通，液压泵输出的油液经换向阀进入液压缸左腔，油口 B 与油口 T 相连通，液压缸右腔的油液经换向阀流回油箱，这时液压缸的活塞杆向右伸出。当阀芯 2 向右移动时，油口 P 与油口 B 相连通，液压泵输出的油液经换向阀进入液压缸右腔，油口 A 与油口 T 相连通，液压缸左腔的油液经换向阀流回油箱，这时液压缸的活塞杆向左缩回。

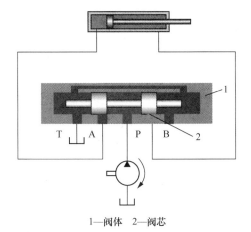

1—阀体 2—阀芯

图4-2 换向阀的工作原理图

2. 常用换向阀的结构、图形符号及功用

常用的换向阀有二位二通换向阀、二位三通换向阀、二位四通换向阀、二位五通换向阀、三位四通换向阀及三位五通换向阀等。常用换向阀的工作原理图及图形符号如表 4-1 所示。

表 4-1　常用换向阀的工作原理图及图形符号

名称	工作原理图	图形符号
二位二通换向阀	A　P	A P
二位三通换向阀	A　P　B	A B P
二位四通换向阀	A　P　B　T	A B P T
二位五通换向阀	T_1　A　P　B　T_2	A B T_1 P T_2
三位四通换向阀	A　P　B　T	A B P T
三位五通换向阀	T_1　A　P　B　T_2	A B T_1 P T_2

二位二通换向阀相当于一个油路开关，可用于控制一个油路的通和断。

二位三通换向阀可用于控制一个压力源油口 P 对两个不同的油口 A 和 B 的换接，或控制单作用液压缸的换向。

二位四通换向阀或三位四通换向阀和二位五通换向阀或三位五通换向阀都广泛用于使执行元件换向。其中二位换向阀和三位换向阀的区别在于：三位换向阀具有中间位置，利用这一位置可以实现多种不同的控制动作，如可使液压缸在任意位置上停止或使液压泵卸荷，而二位换向阀无中间位置，它所控制的液压缸只能在其运动到两端的行程终点时停止。

四通换向阀和五通换向阀的区别在于：五通换向阀具有 P、A、B、T_1、T_2 这 5 个油口，而四通换向阀因 T_1 和 T_2 两回油口在阀内相通，故对外只有 4 个油口 P、A、B、T。四通换向阀和五通换向阀用于使执行元件换向时，其作用基本相同，但五通换向阀有两个回油口，可在执行元件的正、反向运动中构成两种不同的回油路，如在组合机床液压系统中，广泛

采用三位五通换向阀组成快进差动连接回路。

换向阀的图形符号说明如下。

（1）换向阀的工作位置称为"位"，用方框表示，有几个方框就表示有几个工作位置。

（2）每个换向阀都有一个常态位，即阀芯未受外力时的位置。字母应标在常态位，P 表示进油口，T 表示回油口，A、B 表示工作油口。

（3）常态位与外部连接的油口数称为"通"，有几个油口与外部连接就称为几通。

（4）方框内的箭头表示该位置的油路接通情况，并不表示油液实际流向。

3. 换向阀的中位机能

三位换向阀的中位机能是指三位换向阀处于常态位时，其内部各油口的连通方式，常见的有 O 型、H 型、P 型、Y 型、K 型、M 型、X 型等。不同的中位机能有不同的特点和作用，如表 4-2 所示，在选用时应考虑以下问题。

（1）系统保压问题：当油口 P 堵塞时，系统保压，此时液压泵可使系统中其他执行元件动作。

（2）系统卸荷问题：当油口 P 和油口 T 相通时，整个系统卸荷。

（3）换向平稳性和换向精度问题：当油口 A 和油口 B 均堵塞时，易产生液压冲击，换向平稳性差，但换向精度高。反之，当油口 A、油口 B 都和油口 T 口接通时，工作机构不易制动，换向精度低，但换向平稳性好，液压冲击小。

（4）启动平稳性问题：当油口 A 或油口 B 中有一油口接通油箱时，由于该腔无油液进入执行元件，所以会影响启动平稳性。

表 4-2 各种三位换向阀的中位机能、符号、特点和作用

机能代号	工作原理图	中位图形符号		机能特点和作用
		三位四通换向阀	三位五通换向阀	
O		A B P T	A B T₁ P T₂	各油口全部封闭，液压缸两腔封闭，系统不卸荷。液压缸充满油，从静止到启动过程平稳；制动时运动惯性引起液压冲击较大；换向位置精度高。在气动中称为中位封闭式
H		A B P T	A B T₁ P T₂	各油口全部连通，系统卸荷，液压缸处于浮动状态。液压缸两腔接通油箱，从静止到启动有冲击；制动时油口互通，故制动过程较 O 型平稳；但换向位置变动大
P		A B P T	A B T₁ P T₂	进油口 P 与液压缸两腔连通，可形成差动回路，回油口封闭。从静止到启动较平稳；制动时液压缸两腔均通压力油，故制动平稳；换向位置变动比 H 型的小，应用广泛。在气动中称为中位加压式
Y		A B P T	A B T₁ P T₂	液压泵不卸荷，液压缸两腔接通油箱，液压缸处于浮动状态。由于液压缸两腔接通油箱，从静止到启动有冲击，制动性能介于 O 型与 H 型之间。在气动中称为中位泄压式

续表

机能代号	工作原理图	中位图形符号		机能特点和作用
		三位四通换向阀	三位五通换向阀	
K		A B □ P T	A B □ T₁ P T₂	液压泵卸荷，液压缸一腔封闭一腔接通油箱。两个方向换向时性能不同
M		A B P T	A B T₁ P T₂	液压泵卸荷，液压缸两腔封闭，从静止到启动较平稳；制动性能与 O 型相同；可用于液压泵卸荷液压缸锁紧的液压回路中
X		A B P T	A B T₁ P T₂	各油口半开启接通，油口 P 保持一定的压力；换向性能介于 O 型和 H 型之间

4. 换向阀的控制方式

（1）手动控制。手动控制即用手柄来操纵阀芯在阀体内移动，以实现液流的换向。手动控制按定位方式的不同又可分为自动复位式和钢球定位式两种。

图 4-3（a）所示为三位四通手动换向阀实物图。图 4-3（b）所示为钢球定位式三位四通手动换向阀。其定位缺口数由该阀的工作位置数决定。在定位机构的作用下，松开手柄后，该阀仍保持在所需的工作位置。图 4-3（c）所示为自动复位式三位四通手动换向阀。扳动手柄，即可换位，松开手柄后，阀芯在弹簧力的作用下，自动回到中间位置，所以称为自动复位式。这种换向阀不能在两端位置上定位停留。

手动换向阀适用于动作频繁、工作持续时间短的场合，其操作安全，多用于工程机械（如起重运输机械）上。

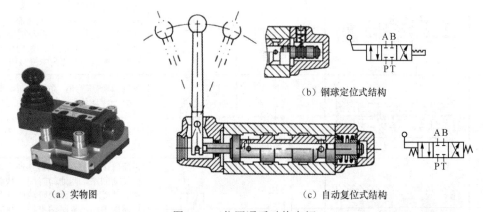

（a）实物图　　　　　　　（c）自动复位式结构

图4-3　三位四通手动换向阀

（2）机动控制。机动控制用安装在工作部件上的挡块或凸轮触碰阀芯使其移动来实现换向阀的换向。由于这种阀常用于控制机械运动部件的行程，故又称行程阀。行程阀必须安装在液压缸附近，在液压缸的工作行程中，装在工作部件一侧的挡块或凸轮移动到预定位置时就触碰阀芯，使行程阀换向。图 4-4 所示为二位四通机动换向阀的结构原理图和图形符号。它的优点是结构简单、动作可靠、换向精度高，改变挡块的迎角 α 或滚轮 1 的外形即可改变阀芯 3 换向时的移动速度，调节换向过程的快慢，以减小液压冲击；其缺点是这种阀不能安装在液压站上，因为连接管路较长，会使整个液压系统不够紧凑。

机动换向阀常用于机床液压系统的速度换接回路中。

（3）电磁控制。电磁控制利用电磁铁产生的吸力推动阀芯移动，从而控制阀芯换位。由于电信号的控制与传递都比较方便，所以电磁换向阀操作方便、布局灵活，有利于实现自动化和远距离控制，应用非常广泛。但是，由于电磁铁的吸力有限，因此电磁换向阀只适用于流量不太大的场合。

图 4-5 所示为三位四通电磁换向阀的结构原理图和图形符号。它由衔铁 1、线圈 2、阀体 3、阀芯 4、弹簧 6 和推杆 7 等组成。当两端电磁铁的线圈 2 都不通电时，各油口互不相通；当右端电磁铁的线圈通电时，右端的衔铁 1 通过推杆 7 将阀芯 4 推至左端，其油口 P 与油口 A 相通，油口 B 与油口 T 相通；当左端电磁铁的线圈 2 通电时，其阀芯 4 移至右端，油口 P 与油口 B 相通，油口 A 与油口 T 相通。

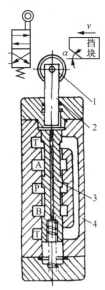

1—滚轮 2—顶杆 3—阀芯 4—阀体

图4-4 二位四通机动换向阀的结构原理图和图形符号

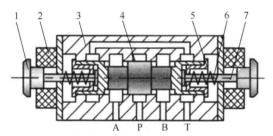

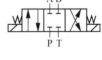

（a）结构原理图   （b）图形符号

1—衔铁 2—线圈 3—阀体 4—阀芯 5—定位套（弹簧座） 6—弹簧 7—推杆

图4-5 三位四通电磁换向阀的结构原理图和图形符号

（4）液动控制。液动控制即依靠控制油液的压力推动阀芯来进行换位。由于控制油液的压力可以方便地调节，所以当流量较大时，常用液动换向阀。图 4-6 所示是三位四通液动换向阀的结构原理图和图形符号。当控制油口 K_1 和控制油口 K_2 的油液均为低压状态时，阀芯在两边弹簧的作用下，处于中间位置。当控制油口 K_1 的油液为高压状态，而控制油口 K_2 的油液为低压状态时，阀芯向右运动，这时油口 P 与油口 A 连通，油口 B 与油口 T 连通；当控制油口 K_1 的油液为低压状态，而控制油口 K_2 的油液为高压状态时，阀芯向左运动，这时油口 P 与油口 B 连通，油口 A 与油口 T 连通，实现油路的换向。

（5）电液控制。由于电磁铁的吸力的限制，电磁换向阀不适用于大流量场合。液动换向阀虽适用于大流量场合，但操作不够方便。电液换向阀就是将电磁换向阀和液动换向阀组合为一体而构成的，集中了两者的优点。图 4-7 所示为电液换向阀的结构原理图和图形符号，电磁换向阀用于控制液动换向阀的控制油路，称为先导阀；液动换向阀用于控制主油路，称为主阀。其工作过程如下：当电磁铁 4、电磁铁 6 均不通电时，P、A、B、T 各油口互不相通；当电磁铁 4 通电，电磁铁 6 断电时，控制油通过电磁换向阀左位经单向阀 2 作用于液动换向阀阀芯 1 的左端，液动换向阀阀芯 1 右移，液动换向阀右端的回油经节流阀 7、电磁换向阀右端流回油箱，这时主阀左位工作，即主油路油口 P、油口 A 连通，油口 B、油口 T 连通；同理，当电磁铁 6 通电，电磁铁 4 断电时，电磁换向阀右位工作，主阀右位工作，这时主油路油口 P、油口 B 连通，油口 A、油口 T 连通。电液换向阀中的节流阀 3、节流阀 7 用来调节液动换向阀阀芯 1 的移动速度，并使其换向平稳。

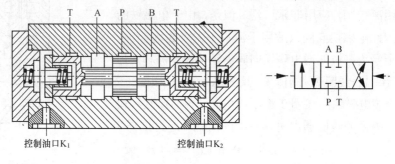

（a）结构原理图　　　　　　　　　　（b）图形符号

图4-6　三位四通液动换向阀的结构原理图和图形符号

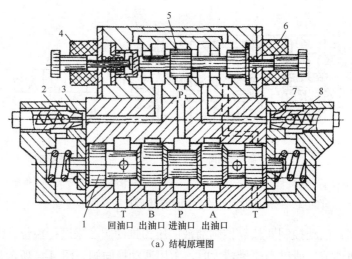

（a）结构原理图

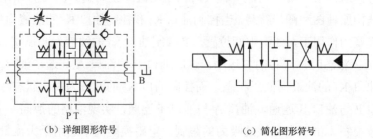

（b）详细图形符号　　　　　　　　　　（c）简化图形符号

1—液动换向阀阀芯　2、8—单向阀　3、7—节流阀　4、6—电磁铁　5—电磁换向阀阀芯

图4-7　电液换向阀的结构原理图和图形符号

4.1.2 单向阀

单向阀是方向控制阀的一种，在液压系统中主要用来控制油液单方向流动，它包括普通单向阀和液控单向阀两类。

1. 普通单向阀

普通单向阀，也称止回阀，其作用是控制液流单方向流动，反向截止。

（1）普通单向阀的工作原理

普通单向阀主要由阀体、阀芯和弹簧等组成。普通单向阀根据阀芯形状可分为球阀式普通单向阀和锥阀式普通单向阀；根据油口相对位置可分为直通式普通单向阀和直角式普通单向阀；根据连接方式可分为管式连接普通单向阀和板式连接普通单向阀。球阀式普通单向阀仅适用于压力低或流量小的场合；锥阀式普通单向阀密封性好，使用寿命长，在压力高和流量大时工作可靠，因此得到广泛应用。

不管哪种形式的普通单向阀，其工作原理都类似。如图 4-8 所示，常态时，阀芯在弹簧力的作用下，紧压在阀体上，单向阀处于关闭状态；当压力油从油口 P_1 流入，油液推力足以克服弹簧力的作用时，阀芯移动，油液从油口 P_2 流出；当油液从油口 P_2 流入时，在弹簧力和液体压力的作用下，阀芯无法移动，油口 P_1 和油口 P_2 被阀芯隔开，无法连通。

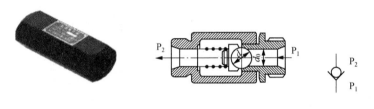

（a）实物图　　　　　　　（b）工作原理图　　　　（c）图形符号

图4-8　普通单向阀的实物图、工作原理图和图形符号

（2）普通单向阀的性能要求

普通单向阀的主要性能要求是：油液通过时压力损失要小，反向截止时密封性能要好。对于同一个单向阀，不同等级的开启压力可通过更换弹簧实现。若只用来控制油液单向流动，其开启压力仅需 0.03～0.05MPa。若作为背压阀使用，则其开启压力应达到 0.2～0.6MPa。

（3）普通单向阀的应用

① 放置于液压泵出口处，保护液压泵。如图 4-9 所示，正常状态下，液压泵输出的油液可经单向阀和换向阀进入液压缸，推动活塞移动。当系统由于某种原因而出现压力峰值时，单向阀可防止油液倒流回液压泵，起到保护液压泵的作用。这时，油液经溢流阀流回油箱。

② 放置于液压缸与油箱之间的回油路，用作背压阀，使液压缸运行更加平稳，如图 4-10 所示。

③ 与减压阀、调速阀等并联形成组合阀，起到单向控制压力或流量的作用。如图 4-11（a）所示，单向阀与减压阀并联（可合称为单向减压阀）可实现单向减压：换向阀 1 左位工作时，油液经减压阀 2 进入液压缸 3 上腔，单向阀 5 处于关闭状态；换向阀 1 右位工作时，液压缸 3 上腔油液经单向阀 5 回油箱。如图 4-11（b）所示，单向阀与调速阀并联（可合称

为单向调速阀）可实现单向调速：换向阀 1 左位工作时，油液经调速阀 2 进入液压缸 3 上腔，调速阀 2 可调节活塞下行速度；换向阀 1 右位工作时，液压缸 3 上腔油液经单向阀 4 回油箱，活塞快速退回。

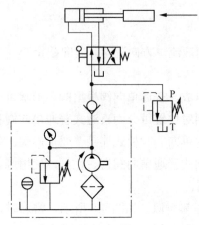

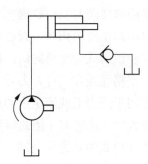

图4-9　单向阀用于保护液压泵　　　　　　图4-10　单向阀用作背压阀

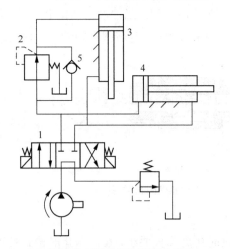

（a）单向阀与减压阀并联实现单向减压　　　（b）单向阀与调速阀并联实现单向调速

1—换向阀　2—减压阀　3、4—液压缸　5—单向阀　　　1—换向阀　2—调速阀　3—液压缸　4—单向阀

图4-11　单向阀与减压阀、调速阀等并联形成组合阀

2. 液控单向阀

（1）液控单向阀的工作原理

如图 4-12 所示，液控单向阀主要由阀体 2、阀芯 4、弹簧 1 和控制活塞 3 组成。常态下，控制活塞 3 位于最左端，其右端与阀芯 4 没有接触，阀芯 4 在弹簧力的作用下，紧抵在阀座上，该阀处于关闭状态。当控制油口 X 无压力油作用时，若油液从油口 A 流入，油液压力克服弹簧力作用，推开阀芯 4，从油口 B 流出，实现导通；若油液从油口 B 流入，在油液压力的作用下，阀芯 4 会紧紧地压在阀座上，油液无法到达油口 A，即反向截止。此时，液控单向阀的作用与普通单向阀相同。当控制油口 X 有压力油作用时，控制活塞 3 在油液压力的作用下向右移动，推开阀芯 4，液控单向阀正、反向都能导通。液控单向阀

的图形符号如图4-12（b）所示。

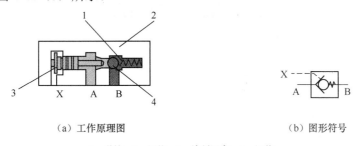

（a）工作原理图　　　　　　　　　　　（b）图形符号

1—弹簧　2—阀体　3—控制活塞　4—阀芯

图4-12　液控单向阀的工作原理图和图形符号

（2）液控单向阀的应用

① 两个液控单向阀能够组成液压锁，使执行元件长时间停留在任意位置。图 4-13 中换向阀处于中位时，两个液控单向阀的外控油口都与油箱相连，处于低压状态，所以这两个液控单向阀都处于关闭状态，液压缸两腔油液都无法流回油箱，活塞静止不动。

② 立式液压缸支撑，单向锁紧。在图 4-14 中，换向阀处于中位时，液控单向阀的外控油口与油箱连通，处于低压状态，液控单向阀处于关闭状态，液压缸下腔油液无法流回油箱，可防止液压缸活塞下滑。

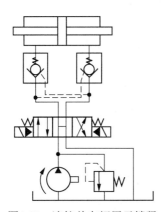
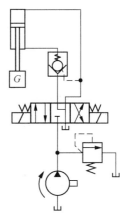

图4-13　液控单向阀用于锁紧　　　　图4-14　液控单向阀用于液压缸支撑

③ 液控单向阀用作充液阀。图 4-15 中，立式液压缸的活塞在高速下降过程中，出现吸空和负压，可通过液控单向阀从油箱进行补油。

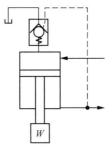

图4-15　液控单向阀用作充液阀

4.2 压力控制阀的认识

【问题引入】

某数控车床液压系统需要控制系统最高压力，同时需要在不同支路实现高低不同的压力。这些功能可以通过压力控制阀来实现。请思考以下问题。

（1）压力控制阀有哪些？

（2）不同的压力控制阀各起什么作用？

（3）应选用哪种压力控制阀才能控制系统最高压力？

（4）应选用哪种压力控制阀才能实现局部低压？

4.2.1 溢流阀

溢流阀是压力控制阀的一种，在液压系统中起调压或限压的作用。按照结构和工作原理的不同，溢流阀可分为直动式溢流阀和先导式溢流阀。直动式溢流阀适用于低压、小流量场合，先导式溢流阀适用于高压、大流量场合。

1. 直动式溢流阀

图 4-16 所示的直动式溢流阀主要由阀体 1、阀芯 2、弹簧 3 及调压手轮 4 组成。阀芯 2 一端受弹簧力作用，另一端受油液压力作用。常态下，直动式溢流阀是关闭的，进油口 P 和出油口 T 不连通。当进油口 P 的油液压力升高到能克服弹簧阻力时，便推开阀芯 2，实现进油口和出油口连通，油液由进油口 P 流入直动式溢流阀，再从出油口 T 流回油箱，实现溢流，进油口 P 的油液压力不会再继续升高。当通过直动式溢流阀的流量变化时，阀口开度即弹簧压缩量会随之改变，但在弹簧压缩量变化甚小的情况下，可以认为阀芯 2 在油液压力和弹簧力的作用下保持平衡，溢流阀进油口 P 的油液压力基本保持为定值。转动调压手轮 4 改变弹簧预紧力，即可调整直动式溢流阀的溢流压力。这种溢流阀因压力油直接作用于阀芯，所以称为直动式溢流阀。

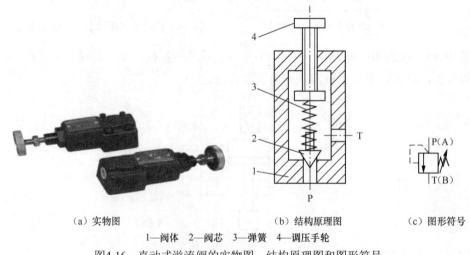

    （a）实物图   （b）结构原理图   （c）图形符号

1—阀体　2—阀芯　3—弹簧　4—调压手轮

图4-16　直动式溢流阀的实物图、结构原理图和图形符号

2. 先导式溢流阀

图4-17所示为先导式溢流阀的实物图、结构原理图及图形符号。与直动式溢流阀不同的是，先导式溢流阀阀体内部有两个阀芯，一个是先导阀阀芯1，另一个是主阀阀芯5。先导阀阀芯1的有效工作面积很小，因此即便作用于它的油液压力很大，也只需很小的调节力；主阀阀芯5的有效工作面积比较大，因此其通流量比较大。先导阀弹簧9比较硬，需要的开启压力大；主阀弹簧7比较软，需要的开启压力小。主阀阀芯5上开有阻尼孔，油液流过阻尼孔时会产生压力损失。常态下，两个阀均处于关闭状态。将先导式溢流阀的进油口P接压力油路，出油口T接油箱。当进油口P的油液压力达到先导式溢流阀的调定压力时，其先导阀阀芯1开启，这时有少量油液经主阀阀芯5上的阻尼孔e及内部孔道c、b、a，从出油口流回油箱。由于流动的油液在经过主阀阀芯5上的阻尼孔时会产生压降，因此，主阀在油液压差的作用下开启。这时，大部分油液经主阀流回油箱，系统压力不再升高，进油口P的油液压力保持恒定。调节先导阀的调压手轮8，便可调整先导式溢流阀的调定压力。先导式溢流阀的压力波动比直动式溢流阀小，但其灵敏度不如直动式溢流阀。

先导式溢流阀还有一个外控油口K，不用时堵起来，需要时可接油箱或其他压力控制阀，实现卸荷、远程调压、多级调压。

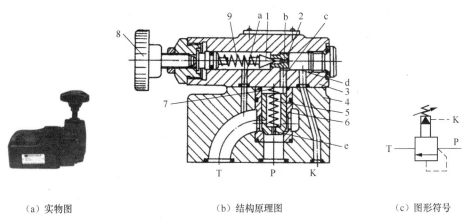

（a）实物图　　　　　　　　　　（b）结构原理图　　　　　　　　（c）图形符号

1—先导阀阀芯　2—先导阀阀座　3—先导阀阀体　4—主阀阀体　5—主阀阀芯

6—主阀阀套　7—主阀弹簧　8—调压手轮　9—先导阀弹簧

图4-17　先导式溢流阀的实物图、结构原理图和图形符号

3. 溢流阀的应用

（1）调压溢流

如图4-18所示，系统采用定量泵供油，在其进油路设置节流阀，定量泵输出的油液一部分经节流阀进入液压缸工作，其余的油液经溢流阀流回油箱，溢流阀处于其调定压力下的常开状态。调节弹簧的预紧力，即可调节系统的工作压力。

（2）安全保护

如图4-19所示，系统采用变量泵供油时，系统内没有多余的油液需溢流，其工作压力由负载决定。这时与变量泵并联的溢流阀只有在过载时才需打开，以保障系统的安全，因此它是常闭的。

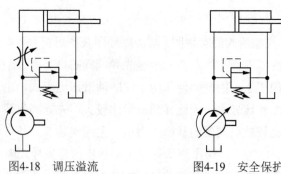

图4-18　调压溢流　　　　　图4-19　安全保护

（3）卸荷

如图 4-20 所示，采用先导式溢流阀调压的定量泵系统，当先导式溢流阀的外控油口与油箱连通时，其主阀阀芯在进油口压力很低时即可迅速动作，使定量泵输出的油液流回油箱，以减少能量损耗。

（4）远程调压

如图 4-21 所示，当电磁换向阀右位工作时，先导式溢流阀的外控油口与低压溢流阀连通，其主阀阀芯上腔的油液压力只要达到低压溢流阀的调定压力，主阀阀芯即可动作，实现溢流（其先导阀不再起调压作用），即实现远程调压。当电磁换向阀左位工作时，由先导式溢流阀调定系统压力。

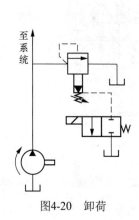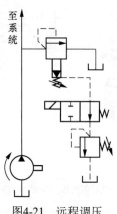

图4-20　卸荷　　　　　　　图4-21　远程调压

（5）用作背压阀

将溢流阀安设在液压缸的回油路上，可使液压缸的回油腔形成背压，提高运动件运动的平稳性。

（6）多级调压

图 4-22 所示的多级调压及卸荷回路中，先导式溢流阀 1、溢流阀 2、溢流阀 3、溢流阀 4 的调定压力互不相等且先导式溢流阀 1 的调定压力最大。溢流阀 2、溢流阀 3、溢流阀 4 的进油口均与先导式溢流阀 1 的外控油口相连，且分别由三位四通电磁换向阀 6、二位二通电磁换向阀 7 控制出油口。二位二通电磁换向阀 5 的进油口与先导式溢流阀 1 的外控油口相连，其出油口与油箱相连。若二位二通电磁换向阀 5 右位工作、三位四通电磁换向阀 6 中位工作、二位二通电磁换向阀 7 左位工作，则液压泵卸荷；若二位二通电磁换向阀 5 左

位工作、三位四通电磁换向阀 6 中位工作、二位二通电磁换向阀 7 左位工作，则由先导式溢流阀 1 调定系统压力；若二位二通电磁换向阀 5 左位工作、三位四通电磁换向阀 6 左位工作、二位二通电磁换向阀 7 左位工作，则由溢流阀 2 调定系统压力；若二位二通电磁换向阀 5 左位工作、三位四通电磁换向阀 6 右位工作、二位二通电磁换向阀 7 左位工作，则由溢流阀 3 调定系统压力；若二位二通电磁换向阀 5 左位工作、三位四通电磁换向阀 6 中位工作、二位二通电磁换向阀 7 右位工作，则由溢流阀 4 调定系统压力。

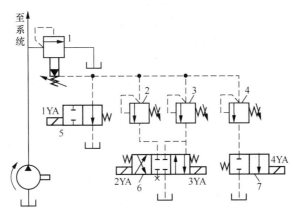

1—先导式溢流阀　2、3、4—溢流阀　5、7—二位二通电磁换向阀　6—三位四通电磁换向阀

图4-22　多级调压及卸荷回路

4.2.2　减压阀

减压阀是使出油口压力（二次回路压力）低于进油口压力（一次回路压力）的一种压力控制阀，其作用是降低并稳定液压系统中某一支路的油液压力，使一个液压泵能同时提供两种或几种不同压力的输出。

根据出油口压力的性质不同，减压阀可分为 3 类。

① 定差减压阀。此类减压阀的特点是出油口压力与进油口压力保持一定的差值。

② 定比减压阀。此类减压阀的特点是出油口压力与进油口压力保持一定的比例。

③ 定值减压阀。此类减压阀的特点是出油口压力基本保持恒定。

下面介绍各减压阀的原理。

1. 直动式减压阀

直动式减压阀的结构原理图和图形符号如图 4-23 所示。其阀芯受到弹簧力和出油口压力的作用。当出油口压力比较低，无法克服弹簧力时，阀芯处于最下端，减压口 A 开度最大，不起减压作用。当出油口压力上升，克服弹簧力，推动阀芯上移后，减压口 A 开度减小，开始起减压作用。这时，压力为 p_1 的油液经减压口 A 减压，压力降为 p_2，然后从出油口输出。若出油口压力发生变化，阀芯可上下移动改变减压口 A 开度，增大或减小液阻，从而保持出油口压力恒定。调整弹簧的预紧力，即可调整出油口压力。为防止弹簧腔积存油液影响阀芯移动，可通过泄油口 L 将弹簧腔与油箱相接，这种泄油方式称为外部泄油。

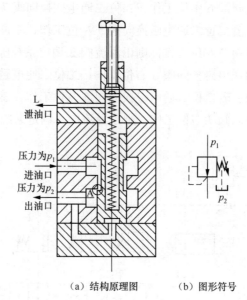

（a）结构原理图　　　　（b）图形符号

图4-23　直动式减压阀的结构原理图和图形符号

直动式减压阀的弹簧刚度较大，因而直动式减压阀的出油口压力随阀芯的位移略有变化。为了减小出油口压力的波动，可采用先导式减压阀。

2. 先导式减压阀

先导式减压阀的结构原理图和图形符号如图 4-24 所示。

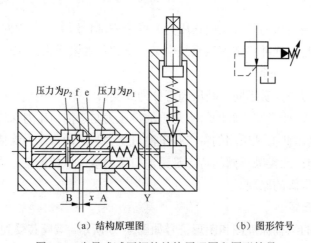

（a）结构原理图　　　　（b）图形符号

图4-24　先导式减压阀的结构原理图和图形符号

压力为 p_1 的压力油由先导式减压阀的进油口 A 流入，经减压口 f，再由出油口 B 流出。出油口 B 处的压力油经主阀阀芯内的径向孔和轴向孔 e 流入主阀阀芯的左腔和右腔，并作用在先导阀阀芯上。当出口压力未达到先导阀的调定压力时，先导阀关闭，主阀阀芯左、右两腔压力相等，主阀阀芯被弹簧压在最左端，减压口 f 开度最大，压降最小，先导式减压阀处于非工作状态。当出油口压力升高并超过先导阀的调定压力时，先导阀被打开，主阀弹簧腔的油液流往油箱。主阀阀芯的轴向孔 e 是细小的阻尼孔，油液在轴向孔 e

内流动，使主阀阀芯两端产生压差，主阀阀芯便在此压差的作用下克服弹簧阻力右移，使减压口 f 开度减小，压差增大，引起出油口压力降低，起到减压作用。若出油口压力发生变化，主阀阀芯可左右移动从而改变减压口 f 开度，保持出油口压力恒定。

可以看出，与溢流阀相比较，减压阀的主要特点是：阀口常开；从出油口引压力油去控制阀口开度，保持出油口压力恒定；弹簧腔单独接油箱。

3. 减压阀的应用

（1）可将油路分成不同的减压回路，以得到不同的工作压力。

（2）将减压阀与单向阀并联，起单向减压作用。

4. 减压阀的常见故障及排除方法

减压阀的常见故障及排除方法如表 4-3 所示。

表 4-3　减压阀的常见故障及排除方法

故障现象	产生原因	排除方法
压力不稳定， 有波动	（1）油液中混入空气 （2）阻尼孔有时堵塞 （3）滑阀的阀芯与阀体圆度达不到规定使滑阀卡住 （4）弹簧变形或在滑阀中卡住，使滑阀的阀芯移动困难，或弹簧太软 （5）钢球不圆、钢球与阀座配合不好或锥阀安装不正确	（1）排出油液中空气 （2）疏通阻尼孔及换油 （3）修研阀体，修配阀芯 （4）更换弹簧 （5）更换钢球或重新安装锥阀
输出压力低， 无法升高	（1）顶盖处泄漏 （2）球阀或锥阀密封不良	（1）拧紧螺钉或更换纸垫 （2）更换球阀或锥阀
不起减压作用	（1）回油孔的油塞未拧出，使油闷住 （2）顶盖方向装错，使出油口与回油口连通 （3）阻尼孔被堵住 （4）滑阀被卡死	（1）将油塞拧出，并接上回油管 （2）检查顶盖上的油口位置是否错误 （3）用直径为 1mm 的针清理阻尼孔并换油 （4）清理和研配滑阀

4.2.3　顺序阀

顺序阀是压力控制阀的一种，其作用是利用油液压力作为控制信号控制油路通断。根据控制油液来源不同，顺序阀可分为内控式顺序阀和外控式顺序阀。

1. 顺序阀的工作原理

图 4-25（a）所示为直动式顺序阀的结构原理图。它由螺堵 1、下阀盖 2、控制活塞 3、阀体 4、阀芯 5、弹簧 6 等组成。当其进油口的油压低于弹簧 6 的调定压力时，控制活塞 3 下端油液向上的推力小，阀芯 5 处于最下端位置，阀口关闭，油液不能通过顺序阀流出。当进油口的油压达到弹簧调定压力时，阀芯 5 抬起，阀口开启，压力油即可从顺序阀的出油口流出，使顺序阀后的油路工作。这种顺序阀利用其进油口的油压控制阀芯 5 开启，这种控制方式称为内控式。由于顺序阀出油口接压力油路，因此其弹簧 6 上端的泄油口必须另接一油管与油箱连通，这种连接方式称外泄式。内控外泄式顺序阀的图形符号如图 4-25（b）所示。这种顺序阀常用于实现执行元件的顺序动作。

若将下阀盖 2 相对于阀体 4 旋转 180°，将螺堵 1 拆下，在该处接控制油管并通入控制油，则顺序阀的启闭便可由外供控制油控制。这时该顺序阀即成为外控式顺序阀，其图形符号如图 4-25（c）所示。

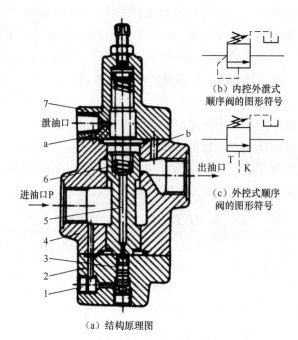

（b）内控外泄式
顺序阀的图形符号

（c）外控式顺序
阀的图形符号

（a）结构原理图

1—螺堵 2—下阀盖 3—控制活塞 4—阀体 5—阀芯 6—弹簧 7—上阀盖

a—在阀盖上开出的孔道 b—在阀体上开出的孔道

图4-25 直动式顺序阀的结构原理图和图形符号

2. 顺序阀的应用

（1）控制多个执行元件的顺序动作

图 4-26 中液压缸 A 和液压缸 B 的顺序动作可通过控制顺序阀实现。当油液压力未达到顺序阀的调定压力值时，油液只能进入液压缸 A，无法进入液压缸 B，实现动作①。当液压缸 A 到位后，油液压力升高，达到顺序阀的调定压力后，顺序阀开启，油液经顺序阀进入液压缸 B，实现液压缸 B 的动作②。

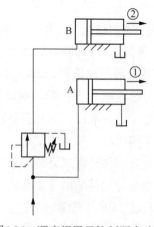

图4-26 顺序阀用于控制顺序动作

（2）用作平衡阀

为了保持竖直或倾斜放置的液压缸不因自身重力而自行下落，可将单向阀与顺序阀并联构成单向顺序阀接入油路，如图4-27所示。此单向顺序阀又称为平衡阀。顺序阀开启压力要足以支撑运动件。

（3）用作卸荷阀

如图4-28所示，液压泵1为大流量液压泵，液压泵2为小流量液压泵，两液压泵并联。在液压缸快速运行时，系统压力比较低，所需油液流量大，顺序阀3处于关闭状态，液压泵1和液压泵2同时向液压缸供油。液压缸转为慢速运行时，进油路压力升高，顺序阀3打开，液压泵1输出的油液经顺序阀3流回油箱，实现卸荷，液压泵2单独向液压缸供油以满足工进的油液流量要求。在此油路中，顺序阀3因能使泵卸荷，故又称卸荷阀。

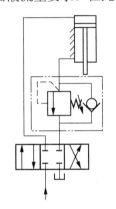
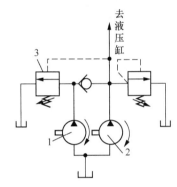

1—大流量液压泵　2—小流量液压泵　3—顺序阀

图4-27　顺序阀用作平衡阀　　　　图4-28　顺序阀用作卸荷阀

4.2.4　压力继电器

1. 压力继电器的工作原理

压力继电器是利用液体压力来启闭电气触点的液电信号转换元件。当系统压力达到压力继电器的调定压力时，压力继电器发出电信号，控制电气元件（如电机、电磁铁、电磁离合器、继电器等）的动作，实现液压泵的加载、卸荷，执行元件的顺序动作，系统的安全保护和联锁等。

压力继电器由两部分组成。第一部分是压力-位移转换器，第二部分是电气微动开关。按压力-位移转换器的结构划分，压力继电器可分为柱塞式压力继电器、弹簧管式压力继电器、膜片式压力继电器和波纹管式压力继电器4种。其中柱塞式压力继电器最为常用。

柱塞式压力继电器的结构原理图和图形符号如图4-29所示。当系统的压力达到压力继电器的调定压力时，作用于柱塞1上的油液压力克服弹簧力，顶杆2上移，使微动开关4的触点闭合，发出相应的电信号。调整调节螺母3可调节弹簧的预紧力，从而可改变压力继电器的调定压力。

此种柱塞式压力继电器位移较大、反应较慢，不宜用于低压系统，宜用于高压系统。

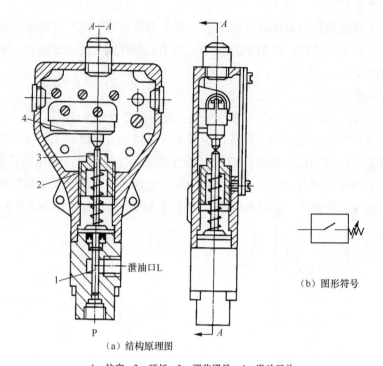

（a）结构原理图

1—柱塞　2—顶杆　3—调节螺母　4—微动开关

图4-29　柱塞式压力继电器的结构原理图和图形符号

2. 压力继电器的应用

（1）用压力继电器控制液压泵卸荷

图 4-30 所示的夹紧机构液压缸的保压-卸荷回路中，采用了压力继电器和蓄能器。当三位四通电磁换向阀左位工作时，液压泵向液压缸左腔供油，并推动活塞杆向左移动。在夹紧工件后，三位四通电磁换向阀切换到中位工作。当压力达到压力继电器的调定压力时，表示蓄能器已储备了足够的压力油，这时压力继电器发出电信号，使二位二通电磁换向阀的电磁铁 3YA 通电，控制溢流阀使液压泵卸荷。此时液压缸若有泄漏，油压下降则可由蓄能器补油保压。当液压缸压力下降到压力继电器的调定压力时，压力继电器自动复位，又使二位二通电磁换向阀的电磁铁 3YA 断电，液压泵重新向液压缸和蓄能器供油。这种回路用于夹紧工件持续时间较长时，可明显地减少功率损耗。

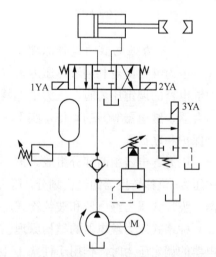

图4-30　夹紧机构液压缸的保压-卸荷回路

（2）用压力继电器实现速度换接

图 4-31 所示为用压力继电器控制电磁换向阀实现由"工进"转为"快退"的回路。当图 4-31 中的三位四通电磁换向阀左位工作时，压力油经调速阀进入液压缸左腔，液压缸右

腔回油，活塞慢速"工进"。当活塞行至行程终点时，液压缸左腔油压升高，当油压达到压力继电器的调定压力时，压力继电器发出电信号，使三位四通电磁换向阀右端电磁铁通电（左端电磁铁断电），三位四通电磁换向阀右位工作。这时压力油进入液压缸右腔，液压缸左腔回油，活塞快速向左退回，实现由"工进"到"快退"的转换。

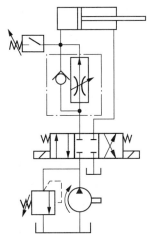

图4-31 用压力继电器控制电磁换向阀实现由"工进"转为"快退"的回路

3. 压力继电器的常见故障及排除方法

压力继电器的常见故障及排除方法如表 4-4 所示。

表 4-4 压力继电器的常见故障及排除方法

故障现象	产生原因	排除方法
输出量不合要求或无输出	(1) 微动开关损坏 (2) 电气线路故障 (3) 阀芯卡死或阻尼孔堵死 (4) 进油管道弯曲、变形，使油液流动不畅通 (5) 调节弹簧太硬或压力调得过高 (6) 管接头处漏油 (7) 与微动开关相接的触点未调整好 (8) 弹簧和杠杆装配不良，有卡滞现象	(1) 更换微动开关 (2) 检查电气线路，排除故障 (3) 清洗、修配，达到要求 (4) 更换管道，使油液流动畅通 (5) 更换适宜的弹簧或按要求调节压力值 (6) 拧紧接头，清除漏油 (7) 精心调整，使触点接触良好 (8) 重新装配，使动作灵敏
灵敏度太差	(1) 杠杆柱销处摩擦力过大，或钢球与柱塞接触处摩擦力过大 (2) 装配不良，动作不灵活或"憋劲"（卡阻） (3) 微动开关接触行程太长 (4) 接触螺钉、杠杆等调节不当 (5) 钢球不圆 (6) 阀芯移动不灵活 (7) 压力继电器安装不妥，如水平和倾斜安装	(1) 重新装配，使动作灵敏 (2) 重新装配，使动作灵敏 (3) 合理调整位置 (4) 合理调整接触螺钉和杠杆位置 (5) 更换钢球 (6) 清洗、修理，使之灵活 (7) 改为竖直安装
发信号太快	(1) 进油口阻尼孔太大 (2) 膜片碎裂 (3) 系统液压冲击太大 (4) 电气系统设计有误	(1) 将阻尼孔适当改小，或在控制管路上增设阻尼管 (2) 更换膜片 (3) 在控制管路上增设阻尼管，以减弱液压冲击 (4) 按工艺要求设计电气系统

4.3 流量控制阀的认识

输油管道阀门开启和关闭都需要能够进行速度的调节，该功能可通过流量控制阀完成。流量控制阀通过改变阀口通流面积的大小或通道长短来改变液阻，控制油液的流量，从而实现调节液压缸或液压马达的运动速度。请思考以下问题。

（1）流量控制阀主要有哪几种？

（2）流量控制阀的结构与工作原理是怎样的？

4.3.1 节流阀

节流阀是结构简单、应用广泛的流量控制阀。它是通过改变节流口的大小或节流长度来控制流体流量的阀。节流口越小，通过的流量就越小；节流口越大，通过的流量就越大。

图 4-32 所示为节流阀的实物图、工作原理图和图形符号。图 4-32（b）为针阀式节流阀工作原理图，它有一个进油口 P_1、一个出油口 P_2，油液从进油口 P_1 流入，经过阀体 2 和阀芯 1 形成的节流口，从出油口 P_2 流出。通过手轮 3，可改变节流口的开度大小，进而调节流量。节流阀的图形符号如图 4-32（c）所示。

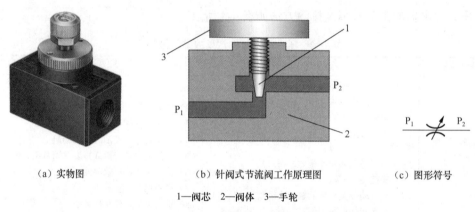

（a）实物图　　　　　　（b）针阀式节流阀工作原理图　　　　（c）图形符号

1—阀芯　2—阀体　3—手轮

图4-32　节流阀的实物图、工作原理图和图形符号

节流阀输出流量的平稳性与节流口的结构形式有关。除针阀式节流阀之外，还有偏心式节流阀、轴向三角槽式节流阀、周向缝隙式节流阀、轴向缝隙式节流阀等。针阀式节流阀通过阀芯的轴向移动改变环形节流口的大小，从而调节流量。其特点是结构简单、易于加工，但节流口长度大、易堵塞、流量受油温影响较大。偏心式节流阀在阀芯上开有一个截面为三角形的偏心槽，转动阀芯即可改变节流口的大小，从而调节流量。其优点是容易制造，缺点是阀芯上的径向力不平衡，旋转时较费力。轴向三角槽式节流阀在阀芯端部开有一个或两个三角槽，轴向移动阀芯即可改变三角槽的通流面积，从而调节流量。其特点是流量小时稳定性好。周向缝隙式节流阀在阀芯上开有狭缝，油液可通过狭缝流入阀芯内部再经左边的孔流出，旋转阀芯可以改变狭缝的通流面积的大小，从而改变流量。其优点

是能够获得较小的最低稳定流量，缺点是阀芯受径向不平衡力影响。轴向缝隙式节流阀在套筒上开有轴向缝隙，轴向移动阀芯就可以改变缝隙的通流面积大小，从而改变流量。其优点是流量对温度变化不敏感，流量小时稳定性好。

节流阀没有流量负反馈功能，不能补偿由负载变化所造成的速度不稳定，一般仅用于负载变化不大或对速度稳定性要求不高的场合。

4.3.2　调速阀

调速阀是由定差减压阀与节流阀串联而成的组合阀。节流阀用来调节通过的流量，定差减压阀用来自动补偿负载变化的影响，使节流阀前后的压差为定值，消除负载变化对流量的影响。

图 4-33 所示为调速阀的结构原理图和图形符号。调速阀有一个进油口和一个出油口。进油口压力 p_1 由溢流阀调定，油液进入调速阀后先经减压阀 1 的减压口将压力降至 p_2，再经节流阀 2 的节流口使压力由 p_2 降至 p_3，最终从出油口流出。节流阀 2 的出油口处油液通过 a 孔可到达减压阀 1 的阀芯上端的弹簧腔 b，对阀芯形成向下的作用力。节流阀 2 的进油口处油液（压力为 p_2）可经 d 孔和 f 孔到达 c 腔和 e 腔，对阀芯形成向上的作用力。阀芯上下的油液压差与弹簧力相平衡。调速阀的出油口压力 p_3 由负载决定。当负载发生变化时，p_3 和调速阀进、出油口压差 p_1-p_3 随之变化，但节流阀 2 的两端压差 p_2-p_3 保持不变，因而通过节流阀 2 的流量也保持恒定。例如：负载增加使 p_3 增大时，减压阀 1 的阀芯弹簧腔的油液压力随之增大，阀芯下移，减压阀的阀口开度 h 增大，减压作用减小，使 p_2 有所提高，压差 p_2-p_3 保持不变，反之亦然。当压差很小时，由于减压阀 1 的阀芯被弹簧压在最下端，不能工作，减压阀 1 的减压口全开，起不到减压作用，因此这时调速阀的性能与节流阀 2 的相同。所以，调速阀的最低正常工作压降应保持在 0.4～0.5MPa 以上。

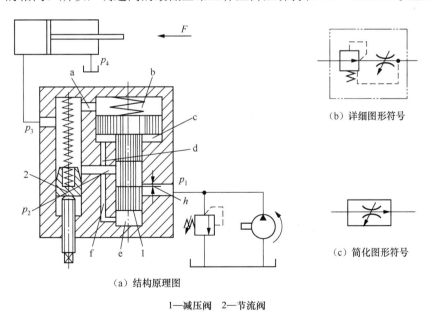

（a）结构原理图

1—减压阀　2—节流阀

图4-33　调速阀的结构原理和图形符号

4.4 特殊阀的认识

【问题引入】

我国幅员辽阔、物产丰富。椰子树是生长于海南省的一种常见果树，它的果实营养丰富，受很多人喜爱。但是采摘椰果单纯依靠人力是很费时费力的。于是，椰果采摘机应运而生。椰果采摘机在进行椰果采摘时动作复杂，为了降低椰果的损伤率，其液压系统中各个执行元件的运动速度需要实时调控，且调控精度要求高，普通的控制元件无法满足其需求，这就需要用到特殊的控制元件。请思考以下问题。

（1）什么样的控制元件才能实现实时、高精度的调控？

（2）特殊的控制元件主要有哪些？

（3）特殊的控制元件的工作原理是怎样的？其特点是什么？

（4）如何选用特殊的控制元件以实现预期功能？

4.4.1 伺服阀

伺服阀是输出量与输入量具有一定函数关系并能快速响应的液压阀，利用它可以实现对执行元件的精准控制。根据输入信号不同可将其分为电液伺服阀、机液伺服阀和气液伺服阀。

1. 电液伺服阀的工作原理

电液伺服阀是一种能把微弱的电气模拟信号转换为大功率液体的压力能（流量、压力）信号的伺服阀。它集中了电气控制和液压控制的优点，具有快速的动态响应和良好的静态特性，已广泛应用于电液位置、速度、加速度、力伺服系统中。

下面以喷嘴挡板式电液伺服阀为例介绍其结构及工作原理。如图 4-34 所示，该伺服阀主要由力矩马达、双喷嘴挡板先导级阀和四凸肩的功率级滑阀 3 部分组成。

力矩马达由一对永久磁铁 1、导磁体 2、导磁体 4、衔铁 3、线圈 12 和弹簧管 11 等组成。其工作原理为：永久磁铁 1 将导磁体 2、导磁体 4 磁化出 N 极、S 极。线圈 12 不通电时，衔铁 3 处于图 4-34 所示的位置，弹簧管 11 呈竖直状态，挡板 5 位于两个喷嘴 6 正中间的位置。当控制电流通过线圈 12 时，衔铁 3 被磁化。若通入的电流使衔铁 3 的左端为 N 极，右端为 S 极，根据磁极间同性相斥、异性相吸的原理，衔铁 3 向逆时针方向偏转。这时弹簧管 11 弯曲变形，产生一反力矩作用在衔铁 3 上。由于电磁力与输入电流值成正比，弹簧管 11 的弹性力矩又与其转角成正比，因此衔铁 3 的偏转角与输入电流的大小成正比。电流越大，衔铁 3 偏转的角度也越大。电流反向输入时，衔铁 3 也反向偏转。

力矩马达产生的力矩很小，不能直接用来驱动功率级滑阀，必须进行放大。先导级阀由挡板 5（与衔铁 3 固连在一起）、喷嘴 6、固定节流口 7 和过滤器 8 组成。其工作原理为：力矩马达使衔铁 3 偏转，挡板 5 也一起偏转。挡板 5 偏离中间对称位置后，喷嘴 6 的腔内的油液压力 p_1、p_2 发生变化。若衔铁 3 带动挡板 5 逆时针偏转时，挡板 5 的右侧节流口减小，左侧节流口增大。于是，压力 p_1 增大，p_2 减小，滑阀 9 在压差的作用下向左移动。反之，向右移动。

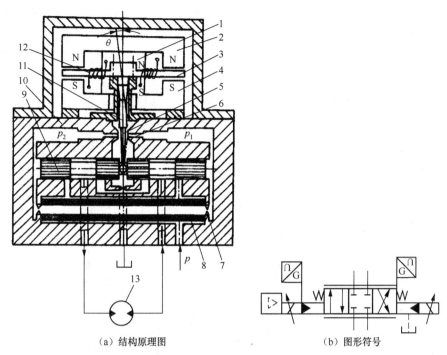

（a）结构原理图　　　　　　　（b）图形符号

1—永久磁铁　2、4—导磁体　3—衔铁　5—挡板　6—喷嘴　7—固定节流口

8—过滤器　9—滑阀　10—阀体　11—弹簧管　12—线圈　13—液压马达

图4-34　喷嘴挡板式电液伺服阀的结构原理和图形符号

功率级滑阀由滑阀 9 和阀体 10 组成。其作用是将先导级阀输出的滑阀位移信号进一步放大，实现控制功率的转换和放大。其工作原理为：当电流使衔铁 3 和挡板 5 逆时针偏转时，滑阀 9 受压差作用而向左移动，这时压力油从滑阀 9 的左侧通道进入液压马达 13，回油经滑阀 9 的右侧通道，经中间空腔流回油箱，使液压马达 13 工作。与此同时，随着滑阀 9 向左移动，挡板 5 在两喷嘴 6 中的偏移量减小，起反馈作用，当这种反馈作用使挡板 5 又恢复到中位时，滑阀 9 受力平衡而停止在一个新的位置不动，并有相应的流量输出。

由上述分析可知，滑阀 9 的位置是通过反馈杆变形力反馈到衔铁 3 上，使诸力平衡而决定的，所以此阀也称为力反馈式电液伺服阀，其工作原理可用图 4-35 所示的方框图表示。

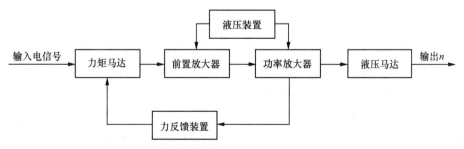

图4-35　力反馈式电液伺服阀的方框图

2. 伺服阀应用实例

在汽车上，为了减轻驾驶员操作转向盘的体力劳动，提高汽车的转向灵活性，常采用转向液压助力器。这种转向液压助力器是一种位置控制的液压伺服机构。如图4-36所示，转向液压助力器主要由液压缸和控制滑阀两部分组成。缸体2和阀体连接为一体，阀芯3左端通过摆杆4与转向盘5相接，液压缸活塞1的右端通过铰销固定在汽车底盘上。当阀芯3处于图4-36所示的位置时，各阀口均关闭，缸体2固定不动，汽车保持直线运动。逆时针转动转向盘5，带动阀芯3向右移动，高压油进入液压缸的右腔，同时液压缸左腔与油箱连通，缸体2连同阀体向右移动，在转向连杆机构6的作用下使车轮逆时针偏转，实现左转弯；反之，缸体2向左移动可实现右转弯。

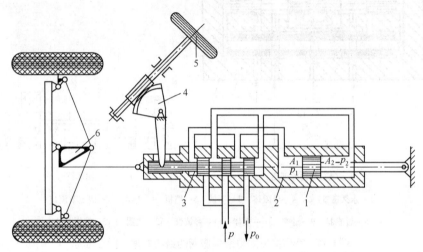

1—活塞　2—缸体　3—阀芯　4—摆杆　5—转向盘　6—转向连杆机构

图4-36　转向液压助力器

4.4.2　比例阀

比例阀是介于普通液压阀和伺服阀之间的一种液压阀，其与伺服阀功能相似，但控制精度低于伺服阀。由于比例阀在结构和成本上优于伺服阀，因此常将其用于对动、静态性能指标要求不高的场合，实现复杂程序和运动规律的控制。

根据用途和工作特点的不同，电液比例控制阀可以分为电液比例压力阀、电液比例流量阀和电液比例方向阀三大类。

1. 比例阀组成

如图4-37所示，比例阀通常由电气-机械转换器、液压放大器（先导级阀和功率级阀）和检测反馈机构3部分组成。

电气-机械转换器通常是比例电磁铁，用于将经比例放大器放大后的电信号转换为力或位移信号，以产生驱动先导级阀运动的位移或转角信号。

先导级阀用于接收小功率的位移或转角信号，将机械量转换为油液压力驱动功率级阀。

功率级阀用于将先导级阀输出的油液压力转换为流量或压力输出。

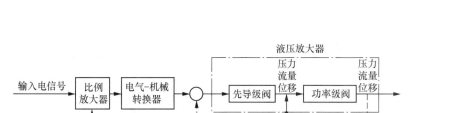

图4-37 比例阀组成

检测反馈机构将功率级阀控制口或先导级阀口的压力、流量或阀芯的位移反馈到先导级阀的输入端或比例放大器，实现输入、输出的平衡。

2. 电液比例压力控制阀

用比例电磁铁代替普通溢流阀的调压手柄，即可构成比例溢流阀。图 4-38 所示为先导式比例溢流阀的结构原理图和图形符号，比例电磁铁的衔铁 4，通过顶杆 6 控制先导锥阀 2，先导阀阀芯开启压力大小由输入线圈 7 的电流大小决定。手调先导阀 9 用来限制先导式比例溢流阀的最高压力。外控油口 K 可以用来进行远程控制。用同样的方式，也可以组成比例顺序阀和比例减压阀。

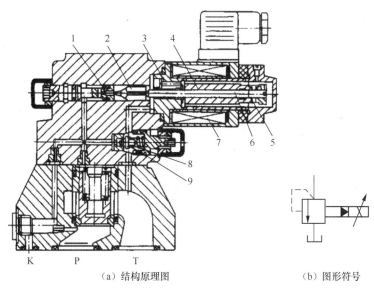

（a）结构原理图   （b）图形符号

1—先导阀阀座 2—先导锥阀 3—极靴 4—衔铁 5、8—弹簧

6—顶杆 7—输入线圈 9—手调先导阀

图4-38 先导式比例溢流阀的结构原理图和图形符号

图 4-39 所示为应用比例溢流阀和比例减压阀的多级调压回路。图 4-39 中 2 和 6 为电子放大器。改变输入电流 I，即可控制系统的工作压力。用比例压力控制阀可以替代普通多级调压回路中的若干个压力控制阀，且能对系统的工作压力进行连续控制。

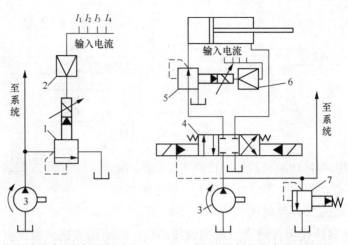

（a）应用比例溢流阀的多级调压回路　　　（b）应用比例减压阀的多级调压回路

1—比例溢流阀　2、6—电子放大器　3—液压泵　4—三位四通电液换向阀　5—比例减压阀　7—溢流阀

图4-39　应用比例溢流阀和比例减压阀的多级调压回路

3. 电液比例方向控制阀

用比例电磁铁取代电磁换向阀中的普通电磁铁，即可构成比例换向阀，如图 4-40 所示。由于使用比例电磁铁，阀芯不仅可以换位，而且换位的行程可以连续变化或按比例变化，因此连通油口间的通流面积也可以连续变化或按比例变化，所以比例换向阀不仅能控制执行元件的运动方向，而且能控制其运动速度。

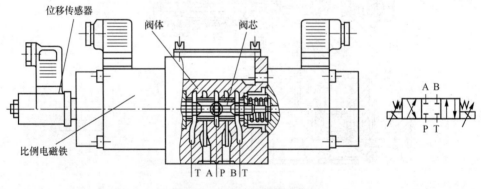

图4-40　直动式比例换向阀

4. 电液比例流量控制阀

用比例电磁铁取代节流阀或调速阀的手调装置，以输入电信号控制节流口开度，即可连续地或按比例地远程控制其输出流量，实现调节执行元件的运动速度。图 4-41 所示是电液比例调速阀的结构原理图和图形符号。图 4-41 中的节流阀阀芯的节流口开度大小由比例电磁铁的推杆控制，输入的电信号不同，则电磁力不同，推杆受力不同，便有不同的节流口开度，对应不同的输出流量。定差减压阀可保证节流口前后压差为定值，所以一定的输入电流对应一定的输出流量。

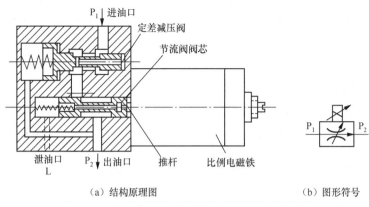

（a）结构原理图　　　　　　　　　（b）图形符号

图4-41　电液比例调速阀的结构原理图和图形符号

4.4.3　插装阀

插装阀也称为插装式锥阀或逻辑阀。它的特点是结构简单、通流能力强、密封性好、阀芯动作灵敏，因此在高压、大流量系统中得到广泛应用。

1. 插装阀的工作原理

插装阀主要由锥阀组件、阀体、控制盖板组成。如图 4-42 所示，锥阀组件由阀套 2、锥阀 4 和弹簧 3 组成，它放置于阀体 5 的孔内，起控制油路通断作用。控制盖板 1 上设有控制油路，与其先导元件连通（图 4-42 中未画出先导元件），对锥阀启闭起控制作用。在锥阀组件上配置不同的控制盖板，与不同的先导元件相连，就能实现各种不同的功能。同一阀体内可装入若干个不同机能的锥阀组件，加相应的控制盖板和先导元件组成所需要的液压回路或系统，可使其结构很紧凑。

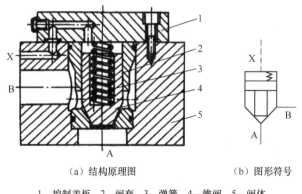

（a）结构原理图　　　　　　（b）图形符号

1—控制盖板　2—阀套　3—弹簧　4—锥阀　5—阀体

图4-42　插装阀的结构原理图和图形符号

从图 4-42 中可看到插装阀有 3 个油口：油口 A、油口 B 为主油路油口，油口 X 为控制油口。设油口 A、油口 B、油口 X 所通油腔的油液压力及有效工作面积分别为 p_A、p_B、p_X 和 A_A、A_B、A_X（$A_A+A_B=A_X$），弹簧的作用力为 F_s，且不考虑锥阀的质量、液动力和摩擦力等的影响，则当 $p_A A_A+p_B A_B<F_s+p_X A_X$ 时，锥阀关闭，油口 A、油口 B 不连通；当 $p_A A_A+$

$p_BA_B>F_s+p_XA_X$时，锥阀打开，油口 A、油口 B 连通。当控制油口 X 油压低于油口 A、油口 B 的油压时，若 $p_A>p_B$，则油液由油口 A 流向油口 B，若 $p_A<p_B$，则油液由油口 B 流向油口 A。当控制油口 X 油压高于油口 A、油口 B 的油压时，锥阀关闭，油口 A、油口 B 不连通。

2. 插装阀应用

如图 4-43 所示，油口 X 与油口 B 相接时，油液可以从油口 A 流向油口 B，无法从油口 B 流向油口 A，即插装式单向阀可以控制油液单向流动，等价于普通单向阀。

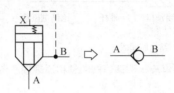

图4-43　插装式单向阀

如图 4-44 所示，在控制盖板上接一个二位三通液动换向阀。当二位三通液动换向阀的控制油口 K 处于高压状态时，二位三通液动换向阀右位工作，插装阀的控制油口 X 接通油箱，油口 A、油口 B 可实现双向导通；当二位三通液动换向阀的控制油口 K 处于低压状态时，二位三通液动换向阀左位工作，插装阀的控制油口 X 接通油口 B，油液可以从油口 A 流向油口 B，无法从油口 B 流向油口 A。插装阀与其先导阀的作用可等价于一个液控单向阀。

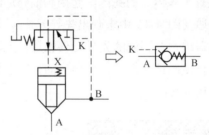

图4-44　插装式液控单向阀

•••　项目技能训练　•••

技能训练 5：液压阀的识别

本项目包括 1 个技能训练，详见随书提供的技能训练手册。

•••　项目拓展与自测　•••

【拓展作业】

1. 说明图 4-45 中换向阀是几位几通换向阀，其中位机能是什么型的？

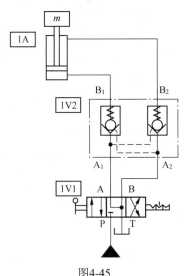

图4-45

2．如图 4-46 所示，溢流阀的调定压力 p_y=5MPa，减压阀的调定压力 p_j=3MPa，液压缸负载 F 形成的压力为 2MPa。不考虑管道及减压阀全开时的压力损失，"至系统"的油路不通时，问：（1）液压缸推动负载运动过程中，p_1、p_2 为多少，这时溢流阀、减压阀是否工作？（2）液压缸运动到行程终点后，p_1、p_2 为多少，这时溢流阀、减压阀是否工作？

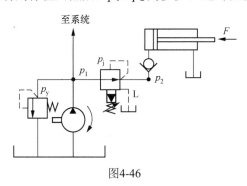

图4-46

【线上自测】

1．选择题

（1）方向控制阀的作用是控制油液的（　　　）。

　　A．流量　　　　　　　　　B．速度　　　　　　　　　C．通断和方向

（2）要求采用液控单向阀的液压机保压回路在保压工况下实现液压泵卸荷，其换向阀应采用（　　　）中位机能。

　　A．O 型　　　　　　　　　B．M 型　　　　　　　　　C．P 型

（3）有两个调定压力分别为 5MPa 和 10MPa 的溢流阀并联在液压泵的出油口，泵的出油口压力为（　　　）。

　　A．5MPa　　　　　　　　B．10MPa　　　　　　　　C．15MPa

（4）直动式减压阀阀芯所受控制油液的压力来自（　　）。

  A．进油口   B．出油口   C．泄油口

（5）先导式减压阀工作时，先导阀的主要作用是（　　）。

  A．调压   B．减压   C．增压

2. 判断题

（1）O型中位机能可实现液压泵卸荷功能。（　　）

（2）液控单向阀外控油口处于高压状态时，可实现双向导通。（　　）

（3）溢流阀可限定系统最高压力。（　　）

（4）外控式顺序阀的控制油液来自其进油口。（　　）

（5）伺服阀的控制精度高于比例阀。（　　）

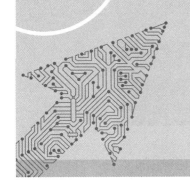

项目5
液压辅助元件的认识

••• 项目信息 •••

【项目概述】

液压系统中的辅助元件包括蓄能器、油箱、过滤器、加热器、冷却器、压力表、油箱等，它们是液压系统中不可缺少的组成部分。在液压系统中，液压辅助元件数量多、分布广，对液压系统的工作稳定性、可靠性、效率、使用寿命等影响极大。因此，在选择、安装、使用和维护液压辅助元件时，应给予足够重视。

【项目目标】

本项目的目标包括：①能够识别蓄能器、过滤器、油箱等辅助元件的符号；②理解蓄能器、过滤器、油箱等辅助元件的工作原理；③掌握蓄能器、过滤器、油箱等辅助元件的作用；④能够正确选用蓄能器、过滤器、油箱等辅助元件；⑤能够正确安装蓄能器、过滤器、油箱等辅助元件；⑥增强安全意识。

••• 项目知识学习 •••

5.1 蓄能器

【问题引入】

无人机技术是当代先进的热点技术之一，它不论是在军事领域还是在民用领域都得到广泛的应用。无人机弹射起飞是一种先进的起飞方式。如图 5-1 所示，无人机弹射起飞系统的动力源是由液压泵充液的蓄能器，它可提供瞬时大流量液压油，满足无人机和滑行小车瞬时加速的要求。请思考以下问题。

（1）蓄能器如何储存油液？
（2）蓄能器如何提供瞬时大流量油液？
（3）蓄能器有哪些作用？
（4）如何安装蓄能器？

图5-1　无人机弹射起飞系统

5.1.1　蓄能器分类

蓄能器是液压系统中的储能元件。按照蓄能器中作用于油液的物质不同，可将其分为重锤式蓄能器、弹簧式蓄能器和充气式蓄能器。其中，应用最为广泛的是充气式蓄能器，重锤式蓄能器已很少应用。充气式蓄能器是利用压缩空气来储存能量的。根据其结构不同，充气式蓄能器可分为活塞式蓄能器、气瓶式蓄能器和气囊式蓄能器 3 种。蓄能器的图形符号如图 5-2 所示。

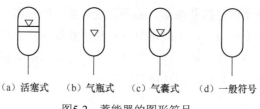

（a）活塞式　（b）气瓶式　（c）气囊式　（d）一般符号

图5-2　蓄能器的图形符号

1.　活塞式蓄能器

如图 5-3 所示，活塞式蓄能器中的气体和油液由活塞 1 隔开。活塞 1 的上部为压缩空气，活塞 1 的下部为压力油液。活塞 1 的位置随油液压力变化而发生变化。当油液压力升高时，推动活塞 1 上移，实现储能；当油液压力降低时，在压缩空气的作用下活塞 1 下移，将油液推出油口，完成能量的释放。这种蓄能器的特点是：由于活塞 1 具有一定的惯性，而且 O 形密封圈存在较大的摩擦力，所以反应不够灵敏。

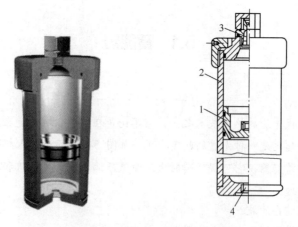

1—活塞　2—缸筒　3—充气口　4—油口

图5-3　活塞式蓄能器的实物图和结构原理图

2. 气瓶式蓄能器

图 5-4 所示为气瓶式蓄能器，由于气体和油液在蓄能器中直接接触，故又称非隔离式蓄能器。这种蓄能器的优点是容量大、惯性小、反应灵敏、外形尺寸小、没有摩擦损失；其缺点是气体容易混入（高压时溶解于）油液中，影响系统工作平稳性，而且耗气量大，必须经常补充气体。气瓶式蓄能器适用于中、低压大流量系统。

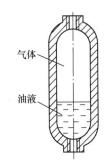

图5-4 气瓶式蓄能器

3. 气囊式蓄能器

图 5-5 所示为气囊式蓄能器的实物图和工作原理图。这种蓄能器主要由壳体 1、气囊 2、进油阀 4 和充气阀 3 等组成，气体和油液由气囊 2 隔开，气囊 2 用耐油橡胶制成。壳体 1 是一个无缝耐高压的外壳。进油阀 4 是一个由弹簧加载的提升阀，它的作用是防止油液全部排出时气囊 2 被挤出壳体 1 之外。充气阀 3 只在蓄能器工作前用来为气囊 2 充气，蓄能器工作时充气阀则始终关闭。这种蓄能器的特点是惯性小、反应灵敏、尺寸小、重量轻、安装容易、维护方便。

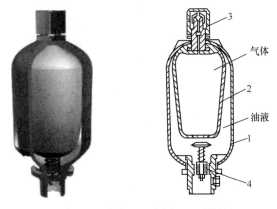

1—壳体 2—气囊 3—充气阀 4—进油阀

图5-5 气囊式蓄能器的实物图和结构原理图

5.1.2 蓄能器的作用

蓄能器的作用是将液压系统中的能量储存起来，在需要时释放，具体表现在以下几方面。

1. 用作辅助动力源

某些液压系统的执行元件是间歇动作的，总的工作时间很短；有些液压系统的执行元件虽然不是间歇动作的，但在一个工作循环内（或一次行程内）速度差别很大。在这些系统内设置蓄能器，当系统不需要大流量时，可以把液压泵输出的多余的压力油储存在蓄能器内，等到需要时再由蓄能器快速向系统释放，这样就可以减小液压泵的容量以及电机的功率损耗。如图 5-6 所示，当三位四通换向阀中位工作时，液压缸处于静止状态，液压泵输出的油液进入蓄能器储存；当三位四通换向阀切换工作位置后，液压缸快速运动，系统压力降低，此时蓄能器中的压力油释放出来，与液压泵同时向液压缸供油。这种蓄能器要求容量较大。

2. 用于系统保压和补偿泄漏

用于系统保压和补偿泄漏的液压系统结构如图5-7所示。当液压缸夹紧工件后，液压泵的输出压力达到系统最高压力时，液压泵卸荷，此时液压缸靠蓄能器来补偿泄漏，使系统在一段时间内保持一定的压力，减少功率损耗。

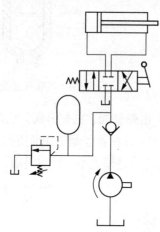

图5-6　蓄能器用于储存能量

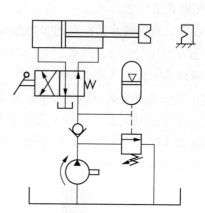

图5-7　蓄能器用于系统保压和补偿泄漏

3. 用作应急动力源

某些液压设备要求在工作中遇到特殊情况（如停电或液压泵突然发生故障）时，执行元件仍能完成必要的动作以保证安全。这时可由蓄能器作为应急动力源向系统供油，使执行元件继续动作，从而避免发生事故。如图5-8所示，正常工作时，蓄能器储油；发生故障时，则依靠蓄能器提供压力油。

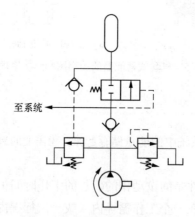

图5-8　蓄能器用作应急动力源

4. 用于吸收压力脉动

如图5-9所示，蓄能器放置于液压泵附近，与液压泵并联，可吸收液压泵的压力脉动。对这种蓄能器的要求是容量小、惯性小、反应灵敏。

5. 用于缓和液压冲击

如图 5-10 所示，当三位四通换向阀突然关闭时，液压冲击会使管路被破坏、泄漏增加、损坏仪表和元件，此时蓄能器可以起到缓和液压冲击的作用。用于缓和液压冲击时，要选用惯性小的气囊式蓄能器或隔膜式蓄能器。

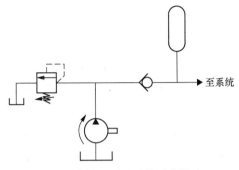

图5-9 蓄能器用于吸收压力脉动

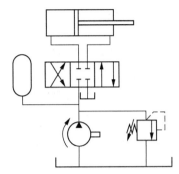

图5-10 蓄能器用于缓和液压冲击

5.1.3 蓄能器的安装与使用

安装和使用蓄能器的过程中应注意以下几点。

（1）充气式蓄能器应将油口向下垂直安装，以使气体在上、液体在下；装在管路上的蓄能器要有牢固的支持架装置。

（2）液压泵与蓄能器之间应设置单向阀，以防压力油向液压泵倒流；蓄能器与系统连接处应设置截止阀，供充气、调整、检修时使用。

（3）应尽可能将蓄能器安装在靠近振动源处，以吸收液压冲击和压力脉动，但要远离热源。

（4）蓄能器中应充氮气，不可充空气和氧气。充气压力约为系统最低工作压力的 85%～90%。

（5）不能拆卸在充油状态下的蓄能器。

（6）在蓄能器上不能进行焊接、铆接、机械加工。

（7）备用气囊应存放在阴凉、干燥处。气囊不可折叠，而要用空气吹到正常长度后悬挂起来。

（8）蓄能器上的铭牌应置于醒目的位置，铭牌上不能喷漆。

5.2 其他辅助元件

【问题引入】

油液中污染物增多、油温过高或过低、油箱中油液量不足都会影响液压系统的性能，降低液压系统的效率。因此，液压系统中需要过滤器、热交换器（如加热器、冷却器）、压力表、液位计、油管与管接头等辅助元件来保证液压系统正常工作。请思考以下问题。

（1）过滤器的工作原理及作用是怎样的？

（2）油箱的结构及作用是怎样的？

（3）热交换器的工作原理及作用是怎样的？

（4）压力表的工作原理及作用是怎样的？

5.2.1 过滤器

1. 过滤器的性能指标

过滤器的作用是过滤混在液压油中的杂质，使进入液压系统中的油液的污染度降低，保证系统正常工作。过滤器的性能指标有过滤精度、通流能力、纳垢容量、压降特性、工作压力和温度等，其中过滤精度为主要性能指标。

（1）过滤精度。过滤器的过滤精度是指滤芯能够滤除的最小杂质颗粒的大小，以直径 d 作为公称尺寸。过滤器按过滤精度可分为粗过滤器（$10\mu m < d \leqslant 100\mu m$）、普通过滤器（$5\mu m < d \leqslant 10\mu m$）、精过滤器（$1\mu m < d \leqslant 5\mu m$）、特精过滤器（$d \leqslant 1\mu m$）。

（2）通流能力。通流能力是指在一定压差下允许通过过滤器的最大流量。

（3）纳垢容量。纳垢容量是指过滤器在压降达到规定值以前，可以滤除并容纳的杂质的量。过滤器的纳垢容量越大，使用寿命就越长，一般来说，过滤面积越大，其纳垢容量也越大。

（4）压降特性。压降特性主要是指油液通过过滤器滤芯时所产生的压力损失，滤芯的过滤精度越高，压降越大，滤芯的有效过滤面积越大，压降就越小。压力损失还与油液的流量、黏度和混入油液的杂质的量有关。为了保持滤芯不被破坏或系统的压力损失不致过大，要限制过滤器的最大允许压降。过滤器的最大允许压降取决于滤芯的强度。

（5）工作压力和温度。过滤器在工作时，要能够承受住系统的压力，在油液压力的作用下，滤芯不致损坏。在系统的工作温度下，过滤器要有较好的抗腐蚀性，且工作性能稳定。

2. 过滤器的类型及特点

过滤器按滤芯结构不同可分为网式过滤器、线隙式过滤器、纸质过滤器、烧结式过滤器、磁性过滤器等。过滤器的图形符号如图 5-11 所示。

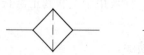  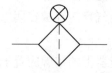

（a）一般图形符号　　（b）带磁性滤芯的过滤器的图形符号　（c）带堵塞指示器的过滤器的图形符号

图5-11　过滤器的图形符号

（1）网式过滤器

如图 5-12 所示，网式过滤器是在周围开有很多孔的金属骨架上，包裹一层或两层铜丝网的过滤器，其过滤精度由网孔大小和层数决定。网式过滤器的结构简单、清洗方便、通流能力强、过滤精度低，常作为吸油过滤器。

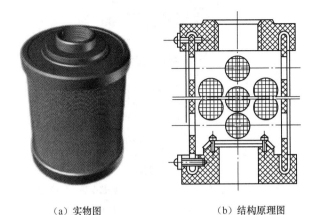

（a）实物图　　　　　　　（b）结构原理图

图5-12　网式过滤器的实物图和结构原理图

（2）线隙式过滤器

线隙式过滤器的实物图和结构原理图如图 5-13 所示，由铜线或铝线密绕在筒形骨架的外部来组成滤芯，油液经线间缝隙和筒形骨架槽孔汇入滤芯，再从上部孔道流出。线隙式过滤器的结构简单、通流能力强、过滤效果好，多用作回油过滤器。

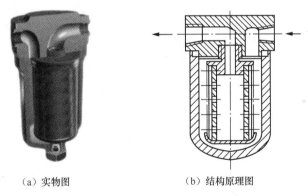

（a）实物图　　　　　　　（b）结构原理图

图5-13　线隙式过滤器的实物图和结构原理图

（3）纸质过滤器

图 5-14 所示为纸质过滤器的结构原理图，其结构与线隙式过滤器相似。其滤芯由里、中、外 3 层组成，滤芯外层 2 为粗眼钢板网，滤芯中层 3 为折叠成星状的滤纸，滤芯里层 4 由金属丝网与滤纸折叠而成。纸质过滤器的过滤精度可达 5～30μm，可在 32MPa 的高压下工作。它结构紧凑、通流能力强，在配备壳体后可以用作压力油的过滤器；其缺点是无法清洗，需经常更换滤芯。为了保证过滤器能正常工作，不致因杂质逐渐聚集在滤芯上引起压差增大而损坏滤芯，过滤器顶部装有堵塞状态发信装置 1，当滤芯逐渐堵塞时，压差增大，感应活塞推动电气开关并接通电路，发出堵塞报警信号，提醒操作人员更换滤芯。

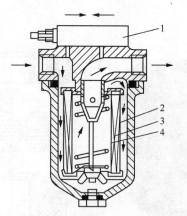

1—堵塞状态发信装置　2—滤芯外层　3—滤芯中层　4—滤芯里层

图5-14　纸质过滤器的结构原理图

（4）烧结式过滤器

图 5-15 所示为烧结式过滤器的结构原理图，其滤芯可按需要制成不同的形状，可以选择不同粒度的粉末烧结成不同厚度的滤芯，其过滤精度较高，过滤精度的范围为 10～100μm。烧结式过滤器的滤芯的强度高，抗冲击性能好，能在较高温度下工作，有良好的抗腐蚀性，且制造简单，可以安装在各种位置。

（5）磁性过滤器

磁性过滤器的工作原理就是利用磁铁吸附油液中的铁质微粒。一般的磁性过滤器对其他非铁质污染物不起作用，通常作为回油过滤器或辅助其他形式的过滤器滤除油液中的磁性颗粒污染物。

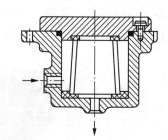

图5-15　烧结式过滤器的结构原理图

3．过滤器的安装方式

（1）安装在液压泵吸油路上

在液压泵吸油路上安装过滤器（见图 5-16 中的 1）可使系统中所有元件都得到保护。但要求过滤器有较大的通流能力和较小的阻力（不大于 $1×10^4$Pa），否则将造成液压泵吸油不畅，或出现空穴现象，所以一般采用过滤精度较低的网式过滤器。而且液压泵磨损产生的杂质仍将进入系统，所以这种安装方式实际上主要起保护液压泵的作用。

（2）安装在压油路上

这种安装方式可以保护除液压泵以外的其他元件。由于过滤器（见图 5-16 中的 2）在高压下工作，滤芯及壳体应能承受系统的工作压力和液压冲击，压降应不超过 $3.5×10^5$Pa。为了防止过滤器堵塞而使液压泵过载或引起滤芯破裂，过滤器应安装在溢流阀的分支油路之后，也可与旁通阀或堵塞指示器并联。

（3）安装在回油路上

由于回油路压力低，这种安装方式可采用强度较低的过滤器，而且允许过滤器有较大的压力损失。它对系统中的液压元件起间接保护作用。为防止过滤器（见图 5-16 中的 3）堵塞，要并联一个安全阀。

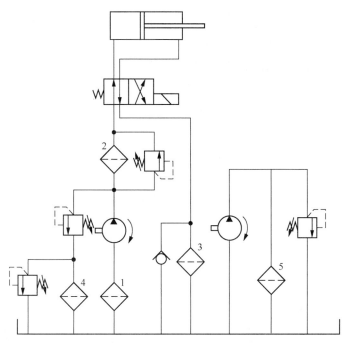

1、2、3、4、5—过滤器

图5-16　过滤器的安装位置

（4）安装在旁路上

这种安装方式是将过滤器（见图 5-16 中的 4）安装在溢流阀的回油路上，并将一个溢流阀作为安全阀与之并联。这时过滤器通过的只是系统的部分流量，可选择纳垢容量小的过滤器，这种安装方式不会在主油路造成压力损失，过滤器也不承受系统的工作压力，但不能保证杂质不进入系统。

（5）单独过滤系统

这种安装方式是用一个液压泵和过滤器（见图 5-16 中的 5）组成一个独立于液压系统之外的过滤回路。它与主油路互不干扰，可以不断地清除系统中的杂质。它需要增加单独的液压泵，适用于大型机械的液压系统。

5.2.2　油箱

油箱的基本功能有：储存油液；散发系统工作中产生的热量；分离油液中混入的空气；沉淀污染物及杂质；油箱外表面可用于安装其他元件等。

油箱按液面是否与大气相通分为开式油箱和闭式油箱，开式油箱广泛用于一般的液压系统，闭式油箱则用于水下和高空无稳定气压的场合；油箱按形状分为矩形油箱和圆筒形油箱；油箱按液压泵与油箱的相对安装位置，分为上置式（液压泵安装在油箱盖上）油箱、下置式（液压泵安装在油箱内浸入油中）油箱和旁置式（液压泵安装在油箱外侧旁边）油箱。其中，上置式油箱在液压泵运转时由于箱体共鸣易引起振动和噪声，对液压泵的自吸能力要求较高，因此只适用于小泵；下置式油箱有利于液压泵吸油，噪声也较小，但液压泵的安装、维修不便；旁置式油箱因液压泵安装于油箱外侧，且液面在液压泵的吸油口之上，非常有利于液压泵的吸油、安装及液压泵和油箱的维修，此类油箱适用于较大功率的系统。

开式油箱的实物图和结构原理图如图 5-17 所示。为了在相同的容量下得到最大的散热面积，油箱外形通常设计成立方体或长方体。盖板 6 是可拆卸的，要密封以防灰尘等进入油箱，同时要设置专用的空气过滤器 5，使油箱与大气相通，以使油液的压力等于大气压力。空气过滤器 5 可兼具注油口功能。盖板 6 上有时还要安装液压泵和电机以及液压阀的集成装置。开式油箱一般由薄钢板焊接而成，大的开式油箱往往用角钢做骨架，蒙上薄钢板焊接而成。壁厚应根据需要确定，一般不小于 3mm，特别小的油箱例外。油箱侧壁要有吊耳，以便起吊装运。油箱要有足够的刚度，以便在充油状态下吊运时，不致产生永久变形。油箱底面应距离地面 150mm 以上，以便散热、搬移和放油，同时箱底应略倾斜，并在最低点设置油塞 8，以利于放净箱内油液。为便于清洗，较大的油箱应在侧壁上设置清洗用侧板 11。应在易于观察的部位设液位计 1，还应有测温装置。

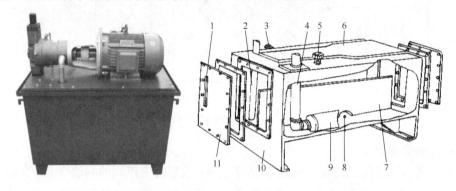

（a）实物图　　　　　　　　　　　　　（b）结构原理图

1—液位计　2—回油管　3—泄油管　4—吸油管　5—空气过滤器　6—盖板
7—隔板　8—油塞　9—过滤器　10—箱体　11—清洗用侧板
图5-17　开式油箱的实物图和结构原理图

油箱内部一般要设置隔板 7，通常为 1～2 个，目的是将吸油管 4、回油管 2 隔开，迫使油液循环流动的路程增大，使回油管 2 流出的温度较高且含有杂质的油不至于立即被吸油管 4 又吸回系统，利于散热和沉淀。隔板 7 的高度最高为油箱高度的 2/3，小的油箱可使油经隔板 7 上的孔流到油箱的另一部分。有的隔板 7 上带有滤网，它们既可过滤较大的杂质颗粒，又可使油中的气泡破裂。若油箱中装的不是油而是乳化液则不应设置隔板，以免油水分离。即便是这种油箱，吸油管 4 也应远离回油管 2。

油箱中各种管路的设置应遵循一定的原则。吸油管 4 距油箱底面最高点的距离不应小于 50mm，目的是防止吸油管 4 吸入杂质。回油管 2 至少应伸入液面之下 500mm，以防止空气混入，而且与箱底距离不得小于管径的 1.5 倍，以防止箱底的杂质被冲起。管端切成面对箱壁的 45°切口，或在管端安装扩散器以减慢回油流速。如果有多个回油管，为了减少油管的管口数目，可将各回油管汇总成回油总管再通入油箱。泄油管 3 必须和回油管 2 分开，不得合用一根管子，以防止回油管 2 中的背压传入泄油管 3。一般泄油管 3 的管端应在液面之上，以利于重力泄油和防止虹吸。不管何种管子穿过油箱的盖板 6 或侧壁，均靠焊接在盖板 6 或侧壁上的法兰和接头使管子固定和密封。

5.2.3 热交换器

油温过高或过低都会影响系统正常工作,液压系统中油液的工作温度一般以 40～60℃为宜,最高不超过 65℃,最低不低于 15℃。为控制油液温度,油箱上常安装冷却器和加热器等热交换器。

1. 冷却器

冷却器除通过管道表面直接使油液中的热量散发外,还可使油液产生紊流,通过破坏边界层来增加油液的传热系数。对冷却器的基本要求是:在保证散热面积足够大、散热效率足够高和压力损失足够小的前提下,应结构紧凑、坚固、体积小、重量轻。

冷却器按工作原理可分为水冷式冷却器和风冷式冷却器。其中,水冷式冷却器又可分为蛇形管式冷却器、板式冷却器和翅片式冷却器。图 5-18 所示为蛇形管式冷却器的结构原理图,它直接安装在油箱内并浸入油液中,管内通冷却水。这种冷却器的冷却效果好,但耗水量大。

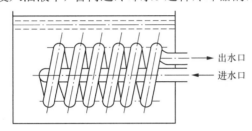

图5-18 蛇形管式冷却器的结构原理图

液压系统中用得较多的是一种强制对流式多管冷却器,如图 5-19 所示。油从进油口 c 流入,从出油口 b 流出;冷却水从右端盖 4 中部的进水口 d 流入,通过多根水管 3 从左端盖 1 上的出水口 a 流出,油在水管外面流过,3 块隔板 2 用来增加油液的循环距离,以改善散热条件,这种冷却器的冷却效果好。

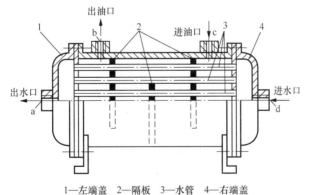

1—左端盖 2—隔板 3—水管 4—右端盖

图5-19 强制对流式多管冷却器的结构原理图

风冷式冷却器由风扇和许多带散热片的管子组成,油液从管内流过,风扇迫使空气穿过管子和散热片表面,使油液冷却。其冷却方式除采用风扇强制吹风冷却外,还有采用自然通风冷却的。风冷式冷却器结构简单、价格低廉,但冷却效果较水冷式差,适用于缺水或不便使用水冷式冷却器的液压设备，如工程机械等。

不论哪一类的冷却器，都应安装在压力很低或压力为零的管路上，这样可避免冷却器承受高压，冷却效果也较好。

2. 加热器

油液的加热一般采用结构简单、能按需要调节最高或最低温度的电加热器。如图5-20（a）所示，它用法兰盘水平安装在油箱侧壁上，发热部分全部浸入油液内，加热器应安装在油液流动处，以利于热量的交换。由于油液是热的不良导体，因此单个加热器的功率不能太大，以防止其周围的油液温度过高而变质。加热器的图形符号如图5-20（b）所示。

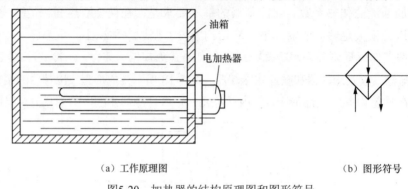

（a）工作原理图　　　　　　　　　　　　　　　　（b）图形符号

图5-20　加热器的结构原理图和图形符号

5.2.4　压力表

用于测量压力的指示仪表称作压力计或压力表。压力表的种类很多，按其工作原理可分为弹性式压力表、活塞式压力表、数字式压力表、真空表。液压系统中常用的压力表是弹簧弯管式压力表，其结构原理图如图5-21所示。弹簧弯管1是一根弯成"C"字形、其横截面呈扁圆形的空心金属管，它的封闭端通过传动机构与指针2相连，另一端与进油管接头相连。测量压力时，压力油进入弹簧弯管1的内腔，使弹簧弯管1内胀产生弹性形变，导致它的封闭端向外扩张偏移，拉动杠杆4，使扇形齿轮5摆动，与其啮合的小齿轮6便带动指针2偏转，即可从刻度盘3上读出压力值。

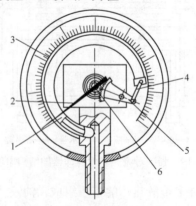

1—弹簧弯管　2—指针　3—刻度盘　4—杠杆　5—扇形齿轮　6—小齿轮

图5-21　弹簧弯管式压力表的结构原理图

5.2.5　油管与管接头

1. 油管

液压系统中使用的油管种类很多，有钢管、纯铜管、橡胶软管、尼龙管、耐油塑料管等，需根据系统的工作压力及其安装位置正确选用。

（1）钢管。钢管分为焊接钢管和无缝钢管。压力小于 2.5MPa 时，可用焊接钢管；压力大于 2.5MPa 时，常用冷拔无缝钢管。需要防腐蚀、防锈的场合，可选用不锈钢管；超高压系统中，可选用合金钢管。钢管能承受高压、刚性好、抗腐蚀、价格低廉。钢管的缺点是弯曲和装配均较困难，需要专门的工具或设备。因此，钢管常用于中、高压系统或低压系统中装配部位限制少的场合。

（2）纯铜管。纯铜管可以承受的压力为 6.5～10MPa，它可以根据需要较容易地弯成任意形状，且不必用专门的工具，因此适用于小型中、低压设备的液压系统，特别是内部装配不方便处。其缺点是价格高，抗振能力较弱，且易使油液氧化。

（3）橡胶软管。橡胶软管常用作两个相对运动件的连接油管，分高压橡胶软管和低压橡胶软管两种。高压橡胶软管由耐油橡胶夹钢丝编织网制成。层数越多，能够承受的压力越高，其最高承受压力可达 42MPa。低压橡胶软管由耐油橡胶夹帆布制成，其承受压力一般在 1.5MPa 以下。橡胶软管安装方便、不怕振动，并能吸收部分液压冲击。

（4）尼龙管。尼龙管为乳白色半透明新型油管，其承压能力因材质而异，可以承受的压力为 2.5～8.0MPa。尼龙管有软管和硬管两种，其可塑性强，硬管加热后可以随意弯曲成形和扩口，冷却后又能定形不变，使用方便、价格低廉。

（5）耐油塑料管。耐油塑料管价格便宜，装配方便，但能够承受的压力低，能承受的压力不超过 0.5MPa，长期使用会老化，只用作回油管和泄油管。

与液压泵、液压阀等标准元件连接的油管，其管径一般由这些元件的接口尺寸决定。其他部位的油管（如与液压缸相连的油管等）的管径和壁厚，可按通过油管的最大流量、允许的流速及工作压力计算确定。

油管的安装应横平竖直，尽量减少转弯。管道应避免交叉，转弯处的弯曲半径应至少为油管外径的 3～5 倍。为便于安装管接头及避免振动影响，平行管之间的距离应大于 100mm。长管道应选用标准管夹固定牢，以防振动和碰撞。软管直线安装时要有 30% 左右的余量，以适应油温变化、满足受拉和振动的需求。软管转弯处的弯曲半径要大于 9 倍软管外径，转弯处到管接头的距离至少等于 6 倍软管外径。

2. 管接头

管接头是油管与油管、液压元件间的可拆卸连接件。它应满足连接牢固、密封可靠、液阻小、结构紧凑、拆装方便等需求。

管接头的种类很多，按接头的通路方向分，有直通管接头、直角管接头、三通管接头、四通管接头、铰接管接头等；按其与油管的连接方式分，有管端扩口式管接头、卡套式管接头、焊接式管接头、扣压式管接头等。管接头与机体的连接常用圆锥螺纹和普通细牙螺纹。用圆锥螺纹连接时，应外加防漏填料；用普通细牙螺纹连接时，应采用组合密封垫（熟铝合金与耐油橡胶组合），且应在被连接件上加工出一个小平面。

••• 项目技能训练 •••

技能训练6：液压辅助元件识别与安装

本项目包括1个技能训练，详见随书提供的技能训练手册。

••• 项目拓展与自测 •••

【拓展作业】

1. 蓄能器的作用有哪些？

2. 过滤器的作用有哪些？

3. 油箱一般包括哪些元件？

4. 压力表的作用是什么？

5. 管接头的作用是什么？

【线上自测】

1. 选择题

（1）蓄能器与液压泵之间需要安装（　　），以防止油液倒流。

    A. 单向阀　　　　　　　　B. 溢流阀　　　　　　　　C. 节流阀

（2）蓄能器应（　　）安装。

    A. 竖直向上　　　　　　　B. 竖直向下　　　　　　　C. 水平

（3）油箱的作用不包括（　　）。

    A. 储存能量　　　　　　　B. 沉淀杂质　　　　　　　C. 散发热量

（4）网式过滤器一般为（　　）。

    A. 粗过滤器　　　　　　　B. 精过滤器　　　　　　　C. 特精过滤器

（5）（　　）可用于加热油液。

    A. 冷却器　　　　　　　　B. 加热器　　　　　　　　C. 液位计

2. 判断题

（1）充气式蓄能器可在其工作过程中充气。（　　）

（2）风冷式冷却器的冷却效果比水冷式冷却器的冷却效果好。（　　）

（3）油箱中泄油管和回油管可合为一个。（　　）

（4）橡胶管多用于高压场合。（　　）

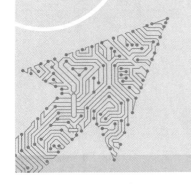

液压回路的分析与装调

••• **项目信息** •••

【项目概述】

液压回路是能够实现某种特定功能的液压元件的组合。一个液压系统无论多么复杂，本质上都是由一些液压回路组合而成的。这些液压回路所实现的功能取决于其组成元件的连接或组合方式。

【项目目标】

本项目的目标包括：①掌握各种典型液压回路的功能；②能够根据回路图正确安装各种液压回路；③能够熟练调试液压回路以实现其预期功能；④提高专业热爱度；⑤遵守纪律，增强安全操作意识；⑥提高团队合作意识，培养良好的沟通能力和协调能力。

••• **项目知识学习** •••

6.1 方向控制回路的分析

【问题引入】

锅炉是电力行业的一种重要设备。图 6-1 所示为锅炉门启闭机构示意图。液压缸活塞杆伸出时，锅炉门打开；锅炉门完全开启后活塞杆保持静止进行填料；活塞杆缩回时，锅炉门关闭。锅炉门的动作变化需要通过方向控制回路来实现。请思考以下问题。

（1）方向控制回路主要包括哪几种？

（2）不同方向控制回路的功能及工作原理是怎样的？

（3）如何进行方向控制回路的组装与调试？

图6-1　锅炉门启闭机构示意图

6.1.1　换向回路

方向控制回路的作用是利用各种方向控制阀来控制油路的通断和油液的流动方向，以使执行元件启动、停止或变换运动方向。它主要包括换向回路和锁紧回路。其中，换向回路的功能是实现执行元件运动方向的改变，其关键组成元件是换向阀。换向回路中的换向阀应根据操作需求和系统特点进行选用。手动换向阀多用于对自动化无要求的系统，机动换向阀多用于换向精度要求高的系统，电磁换向阀多用于小流量系统，液控换向阀多用于大流量系统，机液换向阀或电液换向阀多用于频繁交替换向的系统，多路换向阀多用于复合动作较多的工程机械设备的系统。

1. 采用手动换向阀的换向回路

图 6-2 所示为采用手动换向阀的换向回路。当二位四通手动换向阀左位工作时，液压缸活塞向右移动；当二位四通手动换向阀右位工作时，液压缸活塞向左移动。

2. 采用电磁换向阀的换向回路

图 6-3 所示为采用电磁换向阀的换向回路。电源未通电时，三位四通电磁换向阀的电磁铁 1YA、电磁铁 2YA 都断电，三位四通电磁换向阀中位工作，液压缸活塞静止不动；电源通电后，液压缸活塞位于最左端时，行程开关 1ST 被触动，电磁铁 1YA 通电，电磁铁 2YA 断电，活塞向右移动；液压缸活塞运行至最右端时，行程开关 2ST 被触动，电磁铁 1YA 断电，电磁铁 2YA 通电，活塞向左移动；活塞运行到最左端后又触碰行程开关 1ST，活塞又开始向右运行，如此实现活塞连续往复运动。

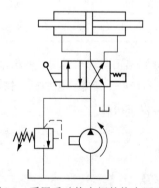

图6-2　采用手动换向阀的换向回路

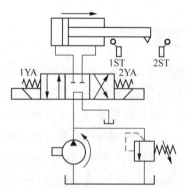

图6-3　采用电磁换向阀的换向回路

3. 采用液动换向阀的换向回路

图 6-4 所示为采用液动换向阀的换向回路。二位四通液动换向阀 3 左位工作时，液压

泵 1 输出的压力油进入液压缸 8 的右腔，活塞向左运动，活塞运动到行程终点后，负载增大，液压缸 8 的右腔压力上升至顺序阀 5 的调定压力后，顺序阀 5 打开，压力油经顺序阀 5 到达二位四通液动换向阀 3 右端控制油口，使二位四通液动换向阀 3 右位工作，活塞开始向右运行，到达行程终点后，负载增大，无杆腔压力上升至顺序阀 4 的调定压力后，顺序阀 4 打开，压力油经顺序阀 4 到达二位四通液动换向阀 3 左端控制油口，使二位四通液动换向阀 3 由右位切换到左位，活塞又开始向左运行。

4. 采用电液换向阀的换向回路

图 6-5 所示为采用电液换向阀的换向回路。先导阀两端电磁铁都断电时，主阀两端控制油口都接通油箱，主阀中位工作，液压缸的活塞静止不动；先导阀左端电磁铁通电，右端电磁铁断电时，液压泵输出的油液经先导阀左位到达主阀左端控制油口，主阀右端控制油口接通油箱，主阀左位工作，液压缸的活塞向右运动；先导阀右端电磁铁通电，左端电磁铁断电时，液压泵输出的油液经先导阀右位到达主阀右端控制油口，主阀左端控制油口接通油箱，主阀右位工作，液压缸的活塞向左运行。

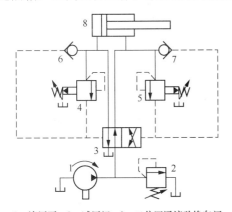
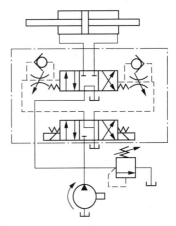

1—液压泵　2—减压阀　3—二位四通液动换向阀

4、5—顺序阀　6、7—单向阀　8—液压缸

图6-4　采用液动换向阀的换向回路　　　　图6-5　采用电液换向阀的换向回路

6.1.2 锁紧回路

锁紧回路的功能是在执行元件不工作时切断其进油、出油的通道，使其保持在既定位置上，不会因外力作用而移动，要求切断动作可靠、迅速、平稳、持久。常用的锁紧回路有采用换向阀中位机能的锁紧回路、采用液控单向阀的锁紧回路和采用插装阀的锁紧回路。

1. 采用换向阀中位机能的锁紧回路

图 6-6 所示为采用换向阀中位机能的锁紧回路。由于滑阀式换向阀泄漏，这种锁紧回路能保持执行元件锁紧的时间不长，锁紧效果差，所以该锁紧回路中采用液压缸 5 作为制动器以保证安全。三位四通换向阀 1 中位工作时，液压马达 4 的进油口、出油口都被封闭，液压马达 4 静止。液压缸 5 为单作用液压缸，当三位四通换向阀 1 中位工作时，液压缸 5 的有杆腔接通油箱，在弹簧力的作用下，活塞杆呈伸出状态以实现制动。

2. 采用液控单向阀的锁紧回路

图 6-7 所示为采用液控单向阀的锁紧回路。电磁铁 1YA 通电、电磁铁 2YA 断电时，三位四通换向阀 2 左位工作，液压缸 5 的活塞向右运动；电磁铁 1YA 断电、电磁铁 2YA 通电时，三位四通换向阀右位工作，液压缸 5 的活塞向左运动；电磁铁 1YA 和电磁铁 2YA 都断电时，液控单向阀 3 和液控单向阀 4 的控制油口接通油箱，液控单向阀 3 和液控单向阀 4 关闭，液压缸 5 的进油口、出油口被封闭，实现锁紧，活塞静止不动。这种回路的锁紧精度主要取决于液压缸的泄漏程度，广泛应用于工程机械如起重运输机械等有较高锁紧要求的场合。采用液控单向阀的锁紧回路中，换向阀通常采用 Y 型中位机能或 H 型中位机能，这样换向阀处于中位时，液控单向阀的控制油路可立即失压，保证液控单向阀迅速关闭，锁紧油路。

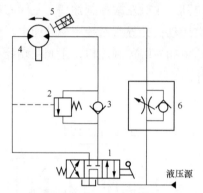

1—三位四通换向阀　2—平衡阀　3—单向阀

4—液压马达　5—液压缸　6—单向节流阀

图6-6　采用换向阀中位机能的锁紧回路

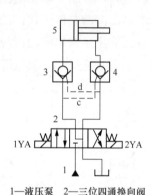

1—液压泵　2—三位四通换向阀

3、4—液控单向阀　5—液压缸

图6-7　采用液控单向阀的锁紧回路

3. 采用插装阀的锁紧回路

图 6-8 所示为采用插装阀的锁紧回路。液控单向插装阀Ⅰ由插件 CV_1 与二位三通电磁换向先导阀 1 构成，液控单向插装阀Ⅱ由插件 CV_2 与二位三通电磁换向先导阀 2 构成。二位三通电磁换向先导阀 1 和二位三通电磁换向先导阀 2 的电磁铁通电时，插件 CV_1 和插件 CV_2 因控制油口与油箱相连，油液可实现正、反向流动；二位三通电磁换向先导阀 1 和二位三通电磁换向先导阀 2 电磁铁断电时，插件 CV_1 和插件 CV_2 的控制油口分别与液压缸 3 的 B_1 腔和 B_2 腔相通，插件 CV_1 和插件 CV_2 关闭，液压缸 3 的两端油口都被封闭，活塞静止不动。

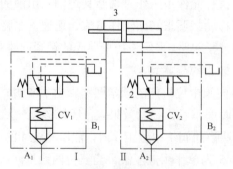

1、2—二位三通电磁换向先导阀　3—液压缸

图6-8　采用插装阀的锁紧回路

6.2 压力控制回路的分析

图 6-9 所示为钻床示意图，钻床用于加工各种空心体零件，工件被一台液压虎钳夹紧，夹紧力应小于主油路压力，该功能可通过压力控制回路实现。请思考以下问题。

（1）压力控制回路有哪些？

（2）不同压力控制回路的功能及工作原理是怎样的？

（3）如何进行压力控制回路的安装与调试？

图6-9　钻床示意图

6.2.1 调压回路

压力控制回路是利用压力控制阀控制系统整体或局部压力的回路。调压回路是压力控制回路的一种，用于限定系统压力。常用的调压回路有：单向单级调压回路、双向调压回路、多级调压回路。

1．单向单级调压回路

图 6-10 所示为由定量泵与溢流阀组成的单向单级调压回路。液压缸向两个方向运动时，液压泵的最高输出压力都由同一个溢流阀来调定。

2．双向调压回路

图 6-11 所示为双向调压回路，即执行元件向不同方向运动时，系统最高压力由不同的压力控制阀进行调定。液压缸下行工作时，油液从液压泵出发，经二位四通换向阀左位到达液压缸无杆腔；液压缸有杆腔的油液经二位四通换向阀左位回到油箱。低压溢流阀1的进油口接在回油路上，与油箱连通，所以低压溢流阀1不会开启，系统压力由高压溢流阀2调定。当系统压力达到高压溢流阀2的调定压力时，高压溢流阀2开启，系统压力不再升高。液压缸上行工作时，油液从液压泵出发，经二位四通换向阀右位到达液压缸有杆腔；液压缸无杆腔的油液经二位四通换向

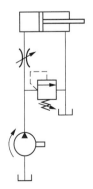

图6-10　单向单级调压回路

阀右位回到油箱。低压溢流阀 1 和高压溢流阀 2 的进油口都接在进油路上，系统压力达到低压溢流阀 1 的调定压力时，低压溢流阀 1 开启，系统压力不再升高。高压溢流阀 2 不起作用。所以，系统压力由低压溢流阀 1 调定。低压溢流阀 1 的调定压力只需维持活塞不因自身重力下滑即可。这种双向调压回路常用于液压机液压系统中，用于减小功率损耗。

3．多级调压回路

图 6-12 所示为三级调压回路。二位三通换向阀 1 右位工作时，若二位四通换向阀 2 左位工作，则二位四通换向阀 6 左位工作，溢流阀 3 和溢流阀 4 的进油口都与油箱相连通，溢流阀 3 和溢流阀 4 不会开启，系统压力由溢流阀 5 调定；若二位四通换向阀 2 右位工作，则二位四通换向阀 6 右位工作，溢流阀 3 和溢流阀 4 的进油口仍然都与油箱相连通，溢流阀 3 和溢流阀 4 不会开启，系统压力仍由溢流阀 5 调定。二位三通换向阀 1 左位工作，二位四通换向阀 2 左位工作时，液压缸下行工作，二位四通换向阀 6 左位工作，溢流阀 3 的进油口与溢流阀 5 的外控油口相连，由于溢流阀 3 的调定压力小于溢流阀 5 的调定压力，所以系统压力上升到溢流阀 3 的调定压力时，溢流阀 3 开启，系统压力不再上升，系统压力由溢流阀 3 调定。二位三通换向阀 1 左位工作，二位四通换向阀 2 右位工作时，液压缸上行工作，二位四通换向阀 6 右位工作，溢流阀 4 的进油口与溢流阀 5 的外控油口相连，由于溢流阀 4 的调定压力小于溢流阀 5 的调定压力，所以系统压力上升到溢流阀 4 的调定压力时，溢流阀 4 开启，系统压力不再上升，系统压力由溢流阀 4 调定。所以，系统压力可以由 3 个不同的溢流阀进行调定。

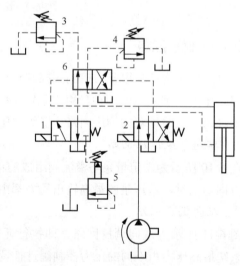

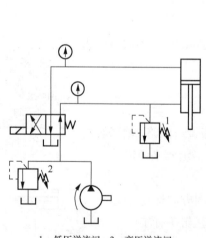

1—低压溢流阀　2—高压溢流阀

图6-11　双向调压回路

1—二位三通换向阀　2、6—二位四通换向阀　3、4、5—溢流阀

图6-12　三级调压回路

6.2.2　减压回路

当多执行元件系统中某一支路需要稳定或低于主油路的压力时，可在系统中设置减压回路，一般在所需的支路上串联减压阀即可实现减压。减压回路经常应用于液压系统中的定位、夹紧、控制油路中。常用的减压回路有单级减压回路、二级减压回路和三级减压回路。

1. 单级减压回路

图 6-13 所示的单级减压回路可用于机床夹头夹紧。该回路中有两个液压缸，液压缸 1 所需工作压力大于液压缸 2 所需压力。液压缸 1 和液压缸 2 由同一个液压泵供油。为了满足液压缸 2 的夹紧力需求，需要在其进油路上串联一个减压阀 4。减压阀 4 可减压、稳压，将其出油口压力稳定为其调定压力。因此，调节减压阀 4 的调定压力即可得到需要的夹紧力。

减压回路

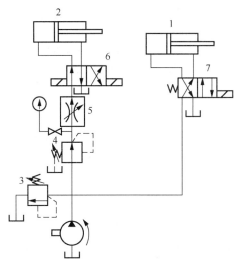

1、2—液压缸 3—溢流阀 4—减压阀 5—调速阀 6、7—二位四通电磁换向阀

图6-13 单级减压回路

二位四通电磁换向阀 6 左位工作、二位四通电磁换向阀 7 左位工作时，油液从液压泵出发，经减压阀 4、调速阀 5、二位四通电磁换向阀 6（左位），到达液压缸 2 无杆腔；液压缸 2 有杆腔的油液经二位四通电磁换向阀 6（左位）流回油箱。液压缸 2 的活塞杆伸出，实现夹紧。液压缸 1 不动。

接下来，将二位四通电磁换向阀 7 切换成右位工作，液压缸 2 的活塞杆继续伸出，液压缸 1 的活塞杆伸出进行切削；切削完毕，二位四通电磁换向阀 7 重新切换成左位工作，液压缸 1 的活塞退回。

最后，二位四通电磁换向阀 6 切换成右位工作。这时，液压缸 2 的工作压力达不到减压阀 4 的调定压力，其减压口开度最大，不起减压作用。

2. 二级减压回路

图 6-14 所示为采用一个先导式减压阀和一个直动式溢流阀的二级减压回路。直动式溢流阀 5 的调定压力低于先导式减压阀 4 的调定压力。当二位二通换向阀 6 左位工作时，直动式溢流阀 5 不起作用，液压缸 1 的压力由先导式减压阀 4 调定；当二位二通换向阀 6 右位工作时，油液通过先导式减压阀 4 的外控油口到达直动式溢流阀 5 的进油口，直动式溢流阀 5 控制液压缸 1 的工作压力。

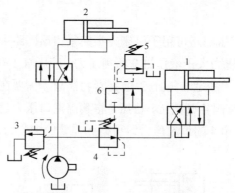

1、2—液压缸　3—溢流阀　4—先导式减压阀　5—直动式溢流阀　6—二位二通换向阀

图6-14　二级减压回路

6.2.3　平衡回路

为了防止立式液压缸及其随行运动件在悬空停止期间因自身重力而自行下滑，或在下行工作中由于自身重力造成失控超速的不稳定运动，可在液压缸下行工作的回路上设置能产生一定背压的液压元件以构成平衡回路。

1. 采用内控式顺序阀的平衡回路

如图6-15所示，为了防止活塞因自身重力下滑，在液压缸有杆腔的回油路设置单向顺序阀1。三位四通换向阀2左位工作时，油液从液压泵出发，经三位四通换向阀2左位到达液压缸无杆腔，液压缸有杆腔的油液经单向顺序阀中的顺序阀、三位四通换向阀2左位回到油箱，活塞向下移动，单向顺序阀1中的顺序阀的调定压力取决于活塞的重量。三位四通换向阀2中位工作时，单向顺序阀1由于有泄漏，所以不起锁紧作用，该平衡回路多用于液压机、立式机床。

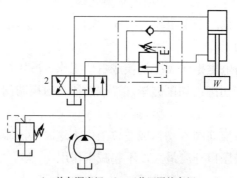

1—单向顺序阀　2—三位四通换向阀

图6-15　采用内控式顺序阀的平衡回路

2. 采用液控单向阀和单向顺序阀的平衡回路

图6-16所示为采用液控单向阀和单向顺序阀的平衡回路。三位四通换向阀2右位工作时，液控单向阀1的控制油口与进油路相通，可以实现反向导通。油液从液压泵出发，经三位四通换向阀2右位到达液压缸无杆腔，液压缸有杆腔的油液经液控单向阀1、单向顺序阀3中的顺序阀、三位四通换向阀2右位回到油箱，活塞下移，单向顺序阀3中的顺序

阀的调定压力取决于活塞的重量。三位四通换向阀 2 中位工作时，液控单向阀 1 的控制油口接通油箱，反向截止。液控单向阀由于密封性能好，所以具有锁紧作用。

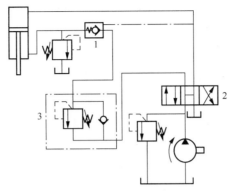

1—液控单向阀　2—三位四通换向阀　3—单向顺序阀

图6-16　采用液控单向阀和单向顺序阀的平衡回路

3. 采用液控单向阀和调速阀的平衡回路

图 6-17 所示为采用液控单向阀和调速阀的平衡回路。三位四通换向阀 3 右位工作时，液控单向阀 2 的控制油口与进油路相通，可以实现反向导通。油液从液压泵出发，经三位四通换向阀 3 右位到达液压缸无杆腔，液压缸有杆腔的油液经调速阀、液控单向阀 2、三位四通换向阀 3 右位回到油箱，活塞下移。调速阀 1 形成的阻力用于平衡活塞的重力。三位四通换向阀 3 中位工作时，液控单向阀 2 起锁紧作用。

4. 采用外控式顺序阀的平衡回路

图 6-18 所示为采用外控式顺序阀的平衡回路。三位四通换向阀左位工作时，油液从液压泵出发，经三位四通换向阀左位到达液压缸有杆腔，液压缸无杆腔的油液经外控式顺序阀、三位四通换向阀左位回到油箱。外控式顺序阀是否开启取决于其外控油口的油液压力，通常设定为 3～5MPa，采用节流阀可防止出现"点头"现象，该平衡回路适用于起重机液压系统。

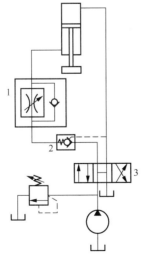

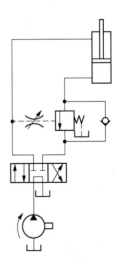

1—调速阀　2—液控单向阀　3—三位四通换向阀

图6-17　采用液控单向阀和调速阀的平衡回路　　图6-18　采用外控式顺序阀的平衡回路

6.2.4　增压回路

增压回路可以提高系统中某一支路的工作压力，以满足局部执行元件的需求。采用增压回路时，系统的整体工作压力较低，这样可以减少能源消耗。

1. 采用单作用增压器的增压回路

增压器实际上是由活塞缸和柱塞缸（或小活塞缸）组成的复合缸，它利用活塞和柱塞（或小活塞）的有效工作面积不同使液压系统的局部获得高压。在不考虑摩擦损失与泄漏的情况下，单作用增压器的增压倍数（增比）等于增压器的活塞和柱塞的有效工作面积之比。在图 6-19 所示的回路中，二位四通换向阀 1 左位工作时，二位四通换向泵输出的油液流入 a 腔，经增压器增压，由 c 腔输出，推动液压缸 I 和液压缸 II 工作，增压器 b 腔的油液经二位四通换向阀 1 左位回油箱；二位四通换向阀 1 右位工作时，液压泵输出的油液流入 b 腔，a 腔的油液经二位四通换向阀 1 右位回油箱，增压器活塞左移，c 腔补油，液压缸在弹簧的作用下缩回。

增压回路

2. 采用双作用增压器的增压回路

单作用增压器只能间歇供油，若需获得连续输出的高压油，可使用图 6-20 所示的采用双作用增压器的增压回路。当活塞位于图 6-20 所示的位置时，液压泵输出的压力油进入双作用增压器左端大、小油腔，右端大油腔的回油通油箱，右端小油腔增压后的高压油经单向阀 4 输出，此时单向阀 1、单向阀 3 关闭。当活塞移到右端时，二位四通换向阀的电磁铁通电，油路换向后，活塞左移。同理，左端小油腔增压后的高压油通过单向阀 3 输出。这样，双作用增压器的活塞不断往复运动，两端便交替输出高压油，从而实现连续增压。

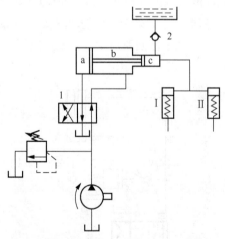

1—二位四通换向阀　2—单向阀　I、II—液压缸

图6-19　采用单作用增压器的增压回路

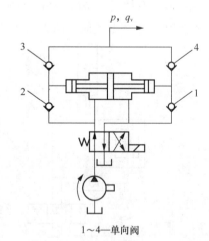

1～4—单向阀

图6-20　采用双作用增压器的增压回路

6.2.5　保压回路

液压缸在工作循环的某一阶段，若需要保持一定的工作压力，就应采用保压回路。

1. 采用定量泵的保压回路

图 6-21 所示为采用定量泵的保压回路。活塞到达行程终点需要保压时，可使液压泵持续运转，其输出的压力油由溢流阀流回油箱，将系统压力保持在溢流阀的调定压力。该保压回路的优点是简单可靠；其缺点是功率损失大。该保压回路适用于小功率系统且保压时间较短的场合。

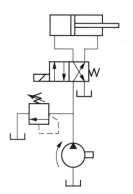

图6-21 采用定量泵的保压回路

2. 采用变量泵的保压回路

图 6-22 所示为采用变量泵的保压回路，该保压回路常用于夹紧装置，其特点是保压时间长、效率高。变量泵的工作压力较高，但输出流量几乎为零。

3. 采用蓄能器的保压回路

在图 6-23 所示的回路中，二位四通换向阀左位工作时，油液从液压泵出发，经单向阀、二位四通换向阀左位进入液压缸无杆腔；同时，油液经单向阀向蓄能器充油。当液压缸活塞移动到最右端时，液压缸中压力达到调定压力，压力继电器发出信号，使二位二通换向阀的电磁铁断电，液压泵经先导式溢流阀卸荷，由蓄能器实现保压，保压时间由蓄能器的容量决定。当液压缸中压力下降到小于调定压力后，压力继电器复位，液压泵重新向液压缸及蓄能器充油。该保压回路的特点是可实现较长时间保压，适用于保压时间长、压力稳定性要求高的场合。

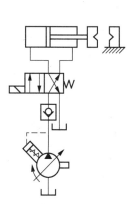

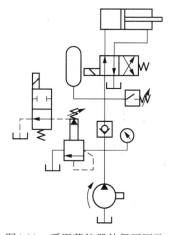

图6-22 采用变量泵的保压回路　　图6-23 采用蓄能器的保压回路

6.2.6 卸荷回路

当液压系统的执行元件短时间停止工作或者停止运动时，为了减少能量损失，应使液压泵在空载（或输出功率很小）的工况下运行。这种工况称为卸荷，这样既能减少功率损耗，又可延长液压泵和电机的使用寿命。

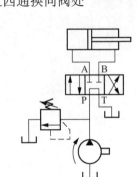

卸荷回路

1. 采用换向阀中位机能的卸荷回路

图6-24所示为采用换向阀中位机能的卸荷回路。当三位四通换向阀处于中位时，液压泵输出的油液经三位四通换向阀中位流回油箱，实现卸荷。

2. 采用先导式溢流阀的卸荷回路

在图6-25所示的回路中，先导式溢流阀的进油口连接液压泵的出油口，其控制油口连接一个二位二通电磁换向阀。二位二通电磁换向阀的电磁铁得电时，二位二通电磁换向阀右位工作，先导式溢流阀的控制油口与油箱相连通，液压泵输出的油液经先导式溢流阀的主阀流回油箱，实现卸荷。二位二通电磁换向阀的电磁铁失电时，先导式溢流阀调定系统最高压力。这种卸荷回路的优点是由于大部分油液由先导式溢流阀流回油箱，所以二位二通电磁换向阀可选用小规格的；其缺点是一旦二位二通电磁换向阀有泄漏，就会影响系统压力提升。

图6-24　采用换向阀中位机能的卸荷回路

3. 采用二位二通换向阀的卸荷回路

在图6-26所示的回路中，当二位二通换向阀左位工作时，双向变量泵向液压缸供油，推动液压缸向两个方向运动。当二位二通换向阀右位工作时，双向变量泵实现卸荷，同时，液压缸处于浮动状态，在外力作用下可移动。

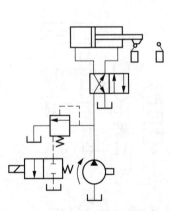

图6-25　采用先导式溢流阀的卸荷回路

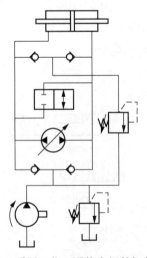

图6-26　采用二位二通换向阀的卸荷回路

6.3　速度控制回路的分析

【问题引入】

车床刀具要完成"快进-工进-快退"的工作循环，需要通过速度控制回路完成其运动速度的切换。请思考以下问题。

（1）速度控制回路有哪些？

（2）速度控制回路有哪些功能？

（3）如何进行速度控制回路的装调？

6.3.1　调速回路

速度控制回路是用于调节和变换执行元件运动速度的回路，它主要包括调速回路、快速运动回路和速度换接回路。其中，调速回路按照其调速原理不同可分为节流调速回路、容积调速回路和容积节流调速回路。

1. 节流调速回路

在采用定量泵的液压系统中，利用流量控制阀改变进入或流出液压执行元件的流量以实现速度调节的方法称为节流调速。节流调速回路简单、工作可靠、成本低、但它的效率不高、容易产生温升。根据流量控制阀位置不同，可把节流调速回路分为进油口节流调速回路、出油口节流调速回路、旁路节流调速回路。

（1）进油口节流调速回路

图 6-27 所示为进油口节流调速回路，节流阀串联在液压泵和液压缸之间的进油路上。通过调整节流阀开度的大小，控制进入液压缸的压力油的流量，即可调节液压缸的运动速度。这种调速回路适用于轻载、低速、负载变化不大和对速度稳定性要求不高的小功率液压系统。

（2）出油口节流调速回路

图 6-28 所示为出油口节流调速回路，节流阀串联在液压缸和油箱之间的回油路上。通过调整节流阀开度的大小，控制液压缸中的压力油流回油箱的流量，即可调整液压缸的运动速度。这种调速回路的优点是可以承受负值负载，低速运行时平稳性较好。

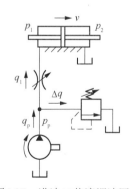

图6-27　进油口节流调速回路

（3）旁路节流调速回路

图 6-29 所示为旁路节流调速回路，节流阀设置在液压泵与油箱之间，液压泵输出的压力油的一部分进入液压缸，另一部分经节流阀流回油箱。通过调整节流阀开度的大小来控制进入液压缸的压力油的流量，即可调节液压缸的运动速度。这种调速回路的特点是效率较高、发热量小，适用于高速、重载且对速度平稳性要求不高的较大功率的液压系统。

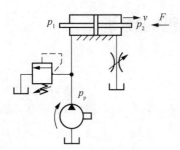
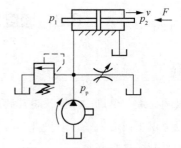

图6-28　出油口节流调速回路　　　　　　图6-29　旁路节流调速回路

（4）进、出油口同时节流调速回路

图 6-30 所示为进、出油口同时节流调速回路，它在三位四通换向阀前的进油管路和三位四通换向阀后的回油管路各设置一个节流阀同时进行节流调速。这种回路的特点是可承受双向负载、双向速度刚度高，但效率低。

（5）双向节流调速回路

在有些液压系统中要求执行元件往复运动的速度都能独立调节，以满足工作的需求。图 6-31 所示为双向节流调速回路，它通过两个单向节流阀实现柱塞缸的上升速度与下降速度分开调控。

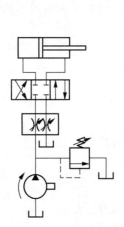
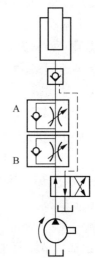

图6-30　进、出油口同时节流调速回路　　　图6-31　双向节流调速回路

2．容积调速回路

容积调速回路通过改变变量泵或变量马达的排量来调节执行元件的运行速度。这种调速回路无溢流损失和节流损失，所以效率高、发热少，适用于高压、大流量的大型机床、工程机械和矿山机械等大功率设备的液压系统。

容积调速回路有 3 种基本形式：由变量泵与定量马达（液压缸）组成的容积调速回路、由定量泵与变量马达组成的容积调速回路、由变量泵与变量马达组成的容积调速回路。

（1）由变量泵与定量马达组成的容积调速回路

图 6-32 所示为由变量泵与定量马达组成的容积调速回路。改变变量泵 4 的流量可以调

节定量马达6的运动速度。辅助泵1通过单向阀3向由变量泵4和定量马达6组成的闭式系统中补油，溢流阀2用于调定辅助泵1的输出压力，溢流阀5用作安全阀。这种容积调速回路的特点是最大输出转矩不受变量泵排量影响，高速和低速时最大输出转矩相同，故称为恒转矩调速回路。

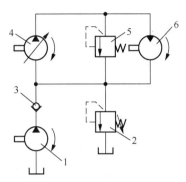

1—辅助泵　2、5—溢流阀　3—单向阀　4—变量泵　6—定量马达

图6-32　由变量泵与定量马达组成的容积调速回路

（2）由定量泵与变量马达组成的容积调速回路

图6-33所示为由定量泵与变量马达组成的容积调速回路，通过调节变量马达6的排量即可改变其转速，当变量马达6的排量减小到一定程度，输出转矩不足以克服负载时，变量马达6便停止转动。这种容积调速回路的特点是在不考虑定量泵和变量马达效率变化的情况下，变量马达的输出功率不变，故称这种回路为恒功率调速回路。

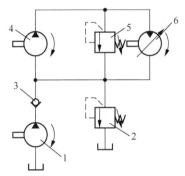

1—辅助泵　2、5—溢流阀　3—单向阀　4—定量泵　6—变量马达

图6-33　由定量泵与变量马达组成的容积调速回路

（3）由变量泵与变量马达组成的容积调速回路

图6-34所示为由变量泵与变量马达组成的容积调速回路，其中1为辅助泵，2为给辅助泵1定压的溢流阀，该容积调速回路中有4个单向阀，单向阀3和单向阀5用于实现双向补油，而单向阀6和单向阀8使溢流阀9（用作安全阀）能在两个方向起安全作用。双向变量泵4既可以改变流量，又可以改变供油方向，实现变量马达7的调速和换向。

若双向变量泵4逆时针转动，则变量马达7的回油及辅助泵1的供油经单向阀3进入双向变量泵4的下油口，其上油口排出的压力油进入变量马达7的上油口并使变量马达7

逆时针转动，变量马达 7 下油口的回油又进入双向变量泵 4 的下油口，构成闭式循环回路。这时单向阀 5 和单向阀 8 关闭，单向阀 3 和单向阀 6 打开。如果变量马达 7 过载，可由溢流阀 9 起保护作用。若双向变量泵 4 顺时针转动，则单向阀 5 和单向阀 8 打开，单向阀 3 和单向阀 6 关闭。双向变量泵 4 的上油口为进油口，下油口为出油口，变量马达 7 也顺时针转动，实现变量马达 7 的换向。这时若变量马达 7 过载，溢流阀 9 仍起保护作用。

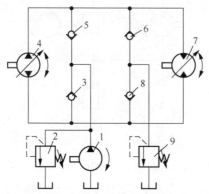

1—辅助泵　2、9—溢流阀　3、5、6、8—单向阀　4—双向变量泵　7—变量马达

图6-34　由变量泵与变量马达组成的容积调速回路

3. 容积节流调速回路

容积调速回路的突出优点是效率高、发热量小，但存在速度随负载增加而下降的特性（由液压泵和液压马达的泄漏引起），在低速时更为突出。与采用调速阀的节流调速回路相比，容积调速回路的低速稳定性较差。如果系统既要求效率高，又要求低速稳定性好，则可采用容积节流调速回路。容积节流调速回路用变量泵供油，用流量控制阀改变进入液压缸的压力油流量，以实现调速，并且液压泵输出的流量与液压缸所需的流量相匹配。这种调速回路没有溢流损失、效率较高，其速度稳定性比容积调速回路好，常用于速度调节范围大、功率不太大的场合。

（1）由限压式变量泵和调速阀组成的容积节流调速回路

图 6-35 所示为由限压式变量泵和调速阀组成的容积节流调速回路，由限压式变量泵 1 供油，压力油经调速阀 2 进入液压缸 3 无杆腔，液压缸 3 有杆腔的油液经背压阀 4 流回油箱。液压缸 3 的运动速度由调速阀 2 来调节。设限压式变量泵 1 的输出流量为 q_p，则稳定工作时 $q_p=q_1$。如果关小调速阀 2，则在关小调速阀 2 的瞬间 q_1 减小，而此时限压式变量泵 1 的输出流量还未来得及改变，因此，$q_p>q_1$，因回路中阀 5 为安全阀，没有溢流，故必然导致限压式变量泵 1 的出口压力 p_p 升高，该压力的反馈作用使限压式变量泵 1 的输出流量自动减少，直至 $q_p=q_1$（关小调速阀 2 后的 q_1）；反之亦然。由此可见，调速阀 2 不仅能调节进入液压缸 3 的流量，而且可以作为反馈元件，将通过调速阀 2 的流量转换成压力信号反馈到限压式变量泵 1 的变量机构，使限压式变量泵 1 的输出流量自动地和调速阀 2 的开度相适应，尽量消除溢流损失。这种容积节流调速回路中的调速阀也可装在回油路上。

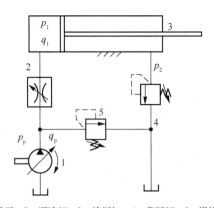

1—限压式变量泵　2—调速阀　3—液压缸　4—背压阀　5—溢流阀（安全阀）

图6-35　由限压式变量泵和调速阀组成的容积节流调速回路

（2）由差压式变量泵和节流阀组成的容积节流调速回路

图 6-36 所示为由差压式变量泵和节流阀组成的容积节流调速回路，通过节流阀 2 控制进入液压缸 3 的流量 q_1，并使差压式变量泵 1 输出流量 q_p 自动和 q_1 相适应。节流阀 2 的前后压差 $\Delta p = p_p - p_1$ 基本上由作用在差压式变量泵 1 的变量机构中变量柱塞上的弹簧力来确定。由于该弹簧刚度很小，工作中伸缩量的变化也很小，所以弹簧力基本恒定，即 Δp 近似为常数，所以通过节流阀 2 的流量仅与其开度大小有关，不会随负载而变化，这与调速阀的工作原理是相似的。因此，这种容积节流调速回路的性能和由限压式变量泵和调速阀组成的容积节流调速回路的性能不相上下，它的调速范围仅受节流阀的开度调节范围的限制。此外，该回路因能补偿由负载变化引起的差压式变量泵的泄漏，因而在低速小流量的场合性能更好。

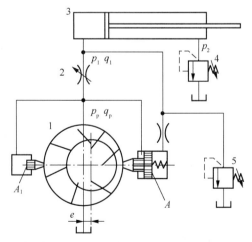

1—差压式变量泵　2—节流阀　3—液压缸　4、5—溢流阀

图6-36　由差压式变量泵和节流阀组成的容积节流调速回路

6.3.2　快速运动回路

1. 采用液压缸差动连接的快速运动回路

图 6-37 所示为采用液压缸差动连接的快速运动回路。二位三通换向阀左位工作时，油液从液压泵出发，经过调速阀、二位三通换向阀左位到达液压缸无杆腔，液压缸有杆腔的油液流出，经二位三通换向阀左位又回到液压缸无杆腔，液压缸实现差动连接，液压缸活塞杆快速右行；二位三通换向阀右位工作时，油液从液压泵出发，经过调速阀到达液压缸有杆腔，液压缸无杆腔的油液经二位三通换向阀右位流回油箱，液压缸活塞杆向左退回。这种快速运动回路简单、经济，但快、慢速的转换不够平稳。

2. 采用蓄能器的快速运动回路

图 6-38 所示为采用蓄能器的快速运动回路。它适用于在短时间内需要大流量的液压系统。三位四通换向阀 5 中位工作时，液压缸静止不动，液压泵 1 输出的油液经单向阀 2 流向蓄能器 4 并储存起来，当蓄能器 4 的压力达到调定压力时，卸荷阀 3 打开，液压泵 1 输出的油液经卸荷阀 3 流回油箱。三位四通换向阀 5 左位或右位工作时，由液压泵 1 和蓄能器 4 同时向液压缸供油，液压缸实现快速运动。这种快速运动回路可用较小流量的液压泵 1 获得较高的运动速度。其缺点是蓄能器 4 充油时，液压缸须停止工作，有些浪费时间。

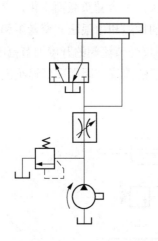

图6-37　采用液压缸差动连接的快速运动回路

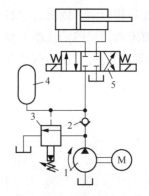

1—液压泵　2—单向阀　3—卸荷阀
4—蓄能器　5—三位四通换向阀

图6-38　采用蓄能器的快速运动回路

3. 双泵供油的快速运动回路

图 6-39 所示为双泵供油的快速运动回路。采用高压小流量泵 1 和低压大流量泵 2 组成的双联泵作为动力源。当负载较小时，系统工作压力较低，达不到卸荷阀 3 的调定压力，高压小流量泵 1 和低压大流量泵 2 同时向系统供油，执行元件快速运动；当负载较大时，系统工作压力达到卸荷阀 3 的调定压力，卸荷阀 3 打开，低压大流量泵 2 输出的油液经卸荷阀 3 流回油箱，高压小流量泵 1 单独向系统供油，执行元件慢速运动，系统最高压力由溢流阀 5 限定。需要注意的是卸荷阀 3 的调定压力至少应比溢流阀 5 的调定压力低 10%。

这种快速运动回路的优点是效率高、功率利用合理、快慢换接平稳，常用于执行元件快进和工进速度相差较大的场合；其缺点是较复杂、成本较高。

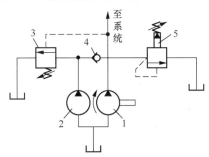

1—高压小流量泵 2—低压大流量泵 3—卸荷阀（液控顺序阀） 4—单向阀 5—溢流阀

图6-39 双泵供油的快速运动回路

6.3.3 速度换接回路

有些执行元件，要求在工作行程的不同阶段有不同的运动速度，这时可采用速度换接回路。速度换接回路的作用是将一种运动速度转换成另一种运动速度。

速度换接回路

1. 快速与慢速换接回路

（1）采用电磁换向阀的快速与慢速换接回路

图6-40所示为采用电磁换向阀的快速与慢速换接回路。当三位四通电磁换向阀3左位工作、二位二通电磁换向阀4左位工作时，液压泵1输出的油液经三位四通电磁换向阀3左位、二位二通电磁换向阀4左位到达液压缸无杆腔，液压缸有杆腔的油液经三位四通电磁换向阀3左位流回油箱，液压缸活塞杆快速右行，完成快进动作。当三位四通电磁换向阀3左位工作、二位二通电磁换向阀4右位工作时，液压泵1输出的油液经三位四通电磁换向阀3左位、调速阀5到达液压缸无杆腔，液压缸有杆腔的油液经三位四通电磁换向阀3左位流回油箱，液压缸活塞杆慢速右行，完成工进动作。工进结束后，液压缸无杆腔的压力上升，达到压力继电器6的调定压力，压力继电器6发出信号，使电磁铁1YA失电，电磁铁2YA、电磁铁3YA得电，三位四通电磁换向阀3右位工作、二位二通电磁换向阀4左位工作。液压泵1输出的油液经三位四通电磁换向阀3右位到达液压缸有杆腔，液压缸无杆腔的油液经二位二通电磁换向阀4左位、三位四通电磁换向阀3右位流回油箱，液压缸活塞杆完成快退动作。

（2）采用行程调速阀的快速与慢速换接回路

图6-41所示为采用行程调速阀的快速与慢速换接回路。二位四通电磁换向阀3左位工作时，液压泵1输出的油液经二位四通电磁换向阀3左位到达液压缸无杆腔，液压缸有杆腔的油液经行程调速阀下位、二位四通电磁换向阀3左位回到油箱，液压缸活塞杆快速右行。当活塞杆上的挡块压下行程阀阀芯时，行程阀切换为上位工作，液压泵1输出的油液经二位四通电磁换向阀3左位到达液压缸无杆腔，液压缸有杆腔的油液经调速阀6、二位四通电磁换向阀3左位回到油箱，液压缸活塞杆慢速右行。这种快速与慢速换接回路的优点

115

是换接平稳、换接位置准确，其缺点是行程阀安装位置有限制。

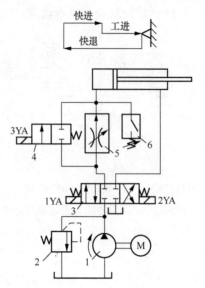

1—液压泵　2—溢流阀　3—三位四通电磁换向阀　4—二位二通电磁换向阀　5—调速阀　6—压力继电器

图6-40　采用电磁换向阀的快速与慢速换接回路

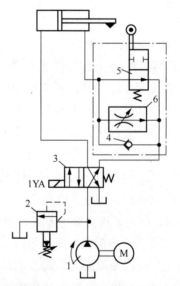

1—液压泵　2—溢流阀　3—二位四通电磁换向阀　4+5+6—行程调速阀

图6-41　采用行程调速阀的快速与慢速换接回路

2. 慢速与慢速换接回路

（1）调速阀串联的慢速与慢速换接回路

图6-42所示为调速阀串联的慢速与慢速换接回路。调速阀4的开度小于调速阀3的开度。当三位四通电磁换向阀2左位工作、二位二通电磁换向阀5左位工作时，液压泵1输出的油液经三位四通电磁换向阀2左位、调速阀3进入液压缸无杆腔，液压缸有杆腔的油液经三位四通电磁换向阀2左位回到油箱，液压缸实现第一次工进，其速度由调速阀3控

116

制；当三位四通电磁换向阀 2 左位工作、二位二通电磁换向阀 5 右位工作时，液压泵 1 输出的油液经三位四通电磁换向阀 2 左位、调速阀 3、调速阀 4 进入液压缸无杆腔，液压缸有杆腔的油液经三位四通电磁换向阀 2 左位回到油箱，液压缸实现第二次工进，其速度由调速阀 4 控制。在这种慢速与慢速换接回路中，调速阀 4 的开度必须比调速阀 3 的开度小，否则调速阀 4 将不起作用。这种慢速与慢速换接回路常用于组合机床实现二次进给的油路中。

（2）调速阀并联的慢速与慢速换接回路

图 6-43 所示为调速阀并联的慢速与慢速换接回路。当三位四通电磁换向阀 3 左位工作、二位三通电磁换向阀 6 左位工作时，液压泵 1 输出的油液经三位四通电磁换向阀 3 左位、调速阀 4、二位三通电磁换向阀 6 左位进入液压缸无杆腔，液压缸有杆腔的油液经三位四通电磁换向阀 3 左位回到油箱，实现第一次工进，其速度由调速阀 4 控制。二位三通电磁换向阀 6 切换为右位工作时，液压泵 1 输出的油液经三位四通电磁换向阀 3 左位、调速阀 5、二位三通电磁换向阀 6 右位进入液压缸无杆腔，液压缸有杆腔的油液经三位四通电磁换向阀 3 左位回到油箱，实现第二次工进，其速度由调速阀 5 控制。这种慢速与慢速换接回路中，当一个调速阀工作时，另一个调速阀油路被封死，其减压阀全开。当电磁换向阀换位，其出油口与油路接通的瞬时，压力突然减小，减压阀来不及关小，瞬时流量增加，会使执行元件出现前冲现象。

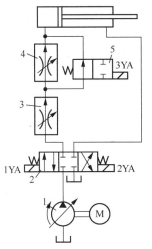

1—液压泵 2—三位四通电磁换向阀 3、4—调速阀

5—二位二通电磁换向阀

图6-42 调速阀串联的慢速与慢速换接回路

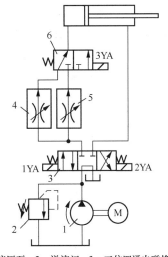

1—液压泵 2—溢流阀 3—三位四通电磁换向阀

4、5—调速阀 6—二位三通电磁换向阀

图6-43 调速阀并联的慢速与慢速换接回路

6.4 多缸控制回路的分析

【问题引入】

有些液压系统中会有多个液压执行元件，这些液压执行元件的动作可能有先后顺序，也可能要同步进行，这时就需要用到多缸控制回路。请思考以下问题。

（1）多缸控制回路主要有哪几种？

（2）多缸顺序动作回路的功能与工作原理是怎样的？

（3）多缸同步动作回路的功能与工作原理是怎样的？

（4）互不干扰动作回路的功能与工作原理是怎样的？

6.4.1 多缸顺序动作回路

用一个液压泵驱动两个或两个以上执行元件工作的回路，称为多缸控制回路。按照执行元件动作的相互关系，可以将多缸控制回路分为多缸顺序动作回路、多缸同步动作回路和互不干扰动作回路等。

多缸顺序动作回路

按照控制方式的不同，多缸顺序动作回路可分为压力控制的顺序动作回路和行程控制的顺序动作回路两大类。

1. 压力控制的顺序动作回路

压力控制的顺序动作回路常采用顺序阀或压力继电器进行控制。

（1）用顺序阀控制的顺序动作回路

图 6-44 所示为用顺序阀控制的顺序动作回路。液压缸动作顺序为①→②→③→④。二位四通手动换向阀 5 右位工作时，液压泵输出的油液分别到达液压缸 1 无杆腔和顺序阀 4 的进油口，由于顺序阀 4 关闭，所以液压缸 1 完成动作①，液压缸 2 不动；当液压缸 1 活塞到达行程终点时，液压泵继续供油，系统压力上升，达到顺序阀 4 的调定压力，顺序阀 4 开启，油液进入液压缸 2 无杆腔，液压缸 2 完成动作②；将二位四通手动换向阀 5 由右位切换成左位工作，液压泵输出的油液分别到达液压缸 2 有杆腔和顺序阀 3 的进油口处，由于顺序阀 3 关闭，所以液压缸 2 完成动作③，液压缸 1 不动；当液压缸 2 活塞到达行程终点时，液压泵继续供油，系统压力上升，达到顺序阀 3 的调定压力，顺序阀 3 开启，油液进入液压缸 1 有杆腔，液压缸 1 完成动作④。

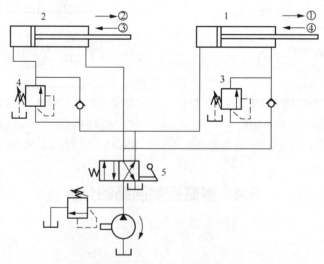

1、2—液压缸　3、4—顺序阀　5—二位四通手动换向阀

图6-44　用顺序阀控制的顺序动作回路

（2）用压力继电器控制的顺序动作回路

图 6-45 所示为用压力继电器控制的顺序动作回路。压力继电器 1 接于液压缸 A 无杆腔的进油口。初始状态下，二位二通电磁换向阀 2 的电磁铁处于失电状态，二位二通电磁换向阀 2 下位工作。液压泵输出的油液经节流阀 3 进入液压缸 A 无杆腔，液压缸 A 活塞向右移动；当液压缸 A 活塞运动到行程终点后，系统压力升高，达到压力继电器 1 的调定压力，压力继电器 1 发出电信号，使二位二通电磁换向阀 2 的电磁铁得电，二位二通电磁换向阀 2 上位工作，液压泵输出的油液经二位二通电磁换向阀 2 进入液压缸 B 无杆腔，液压缸 B 活塞向右运动。

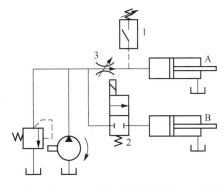

1—压力继电器　2—二位二通电磁换向阀　3—节流阀

图6-45　用压力继电器控制的顺序动作回路

2. 行程控制的顺序动作回路

（1）用行程阀控制的顺序动作回路

如图 6-46 所示，液压缸 A、液压缸 B 的活塞皆在左位。使二位四通手动换向阀 C 右位工作，液压缸 A 活塞右行，实现动作①。挡块压下行程阀 D 后，液压缸 B 活塞右行，实现动作②。二位四通手动换向阀 C 复位后，液压缸 A 先复位，实现动作③。随着挡块后移，行程阀 D 复位，液压缸 B 活塞退回，实现动作④。至此，顺序动作全部完成。

（2）用行程开关控制的顺序动作回路

在图 6-47 所示的回路中，电磁铁 1YA 通电，液压缸 A 活塞右行完成动作①后，触动行程开关 1ST 使电磁铁 2YA 通电，液压缸 B 活塞右行，在实现动作②后，又触动行程开关 2ST 使电磁铁 1YA 断电，液压缸 A 活塞返回，在实现动作③后，又触动行程开关 3ST 使电磁铁 2YA 断电，液压缸 B 活塞返回，实现动作④，最后触动行程开关 4ST 使液压泵卸荷或实现其他动作，完成一个工作循环。

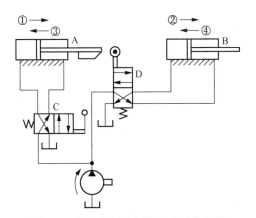

图6-46　用行程阀控制的顺序动作回路

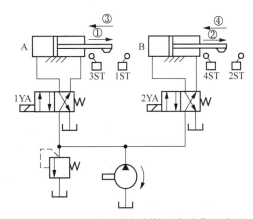

图6-47　用行程开关控制的顺序动作回路

行程控制的顺序动作回路，换接位置准确、动作可靠，特别是用行程阀控制的顺序动作回路换接平稳，常用于对位置精度要求较高的场合。但行程阀需布置在液压缸附近，改变动作顺序较困难。而用行程开关控制的顺序动作回路只需改变电气线路即可改变动作顺序，故应用较广泛。

6.4.2 多缸同步动作回路

多个液压缸带动同一个机构工作时，它们的动作应该保持一致。但是，负载、摩擦、泄漏、制造精度以及结构变形等的差异会影响液压缸动作的一致性。多缸同步动作回路的功能是尽量克服这些因素的影响，使各液压缸的运动速度相同或者位移相同。

多缸同步动作回路

1. 用分流集流阀控制的同步动作回路

图 6-48 所示为用分流集流阀控制同步动作回路。当液压缸中途停止时，为了防止两个液压缸因负载不同而窜油，在分流集流阀 4 与液压缸之间安装单向调速阀 2。液压缸到达行程终点时，经分流集流阀 4 内连通的油孔，可使两个液压缸都到达行程终点，防止同步误差累积。

分流集流阀可用于负载相差较大的系统。

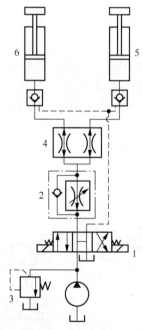

1—三位四通换向阀　2—单向调速阀　3—溢流阀　4—分流集流阀　5、6—液压缸

图6-48　用分流集流阀控制的同步动作回路

2. 用调速阀控制的同步动作回路

图 6-49 所示为用调速阀控制的同步动作回路。二位四通电磁换向阀切换至图 6-49 所示的位置时，压力油分别流入两个液压缸的无杆腔，使活塞向右移动，分别调节两个调速阀，可使两液压缸活塞的运动速度同步。这种同步动作回路结构简单、成本低，可以调速，能实现多缸同步。但其同步精度受调速阀性能和油温的影响，一般同步误差在 5%～10%，

而且系统效率比较低。

3. 带补偿措施的串联液压缸同步动作回路

图 6-50 所示为带补偿措施的串联液压缸同步动作回路。在这个回路中，液压缸 1 有杆腔 A 的有效工作面积与液压缸 2 无杆腔 B 的有效工作面积相等，因此从 A 腔排出的油液进入 B 腔后，两液压缸活塞便同步下降。该回路中有补偿措施使同步误差在每一次下行工作中都得到消除，以避免同步误差的积累。当三位四通电磁换向阀 6 处于右位时，两液压缸活塞同时下行，若液压缸 1 的活塞先运动到行程终点，它就触动行程开关 1ST 使二位三通电磁换向阀 5 的电磁铁 3YA 通电，二位三通电磁换向阀 5 右位工作，压力油经二位三通电磁换向阀 5 和液控单向阀 3 向液压缸 2 的 B 腔补油，推动液压缸 2 的活塞继续运动到行程终点，同步误差即被消除。若液压缸 2 的活塞先运动到行程终点，则触动行程开关 2ST 使二位三通电磁换向阀 4 的电磁铁 4YA 通电,二位三通电磁换向阀 4 上位工作,控制压力油使液控单向阀 3 反向通道打开，使液压缸 1 的 A 腔通过液控单向阀 3 回油，其活塞继续运动到行程终点。

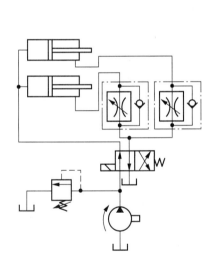

图6-49 用调速阀控制的同步动作回路

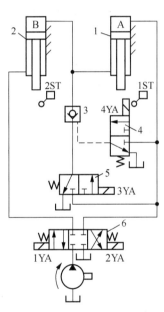

1、2—液压缸 3—液控单向阀

4、5—二位三通电磁换向阀 6—三位四通电磁换向阀

图6-50 带补偿措施的串联液压缸同步动作回路

4. 用比例调速阀控制的同步动作回路

图 6-51 所示为用比例调速阀控制的同步动作回路，它的同步精度较高，绝对精度可达 0.5mm，已能够满足一般设备的需求。该回路使用一个普通调速阀 C 和一个比例调速阀 D，其各装在一个由单向阀组成的桥式整流油路中，分别控制液压缸 A 和液压缸 B 的正、反向运动。当两液压缸出现同步误差时，检测装置发出信号，调整比例调速阀 D 的开度，修正同步误差，即可保证同步。

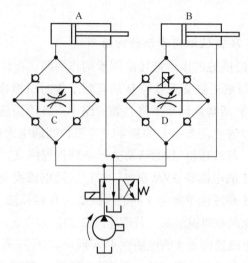

图6-51　用比例调速阀控制的同步动作回路

6.4.3　互不干扰动作回路

在"一泵多缸"的液压系统中，往往由于一个液压缸转为快速运动的瞬间，吸入大量油液，造成整个系统的压力下降，影响其他液压缸工作的平稳性。因此，在速度平稳性要求较高的多缸液压系统中，常采用互不干扰动作回路。

图6-52所示为互不干扰动作回路，各液压缸快速进退皆由大泵2供油，任意液压缸转为工进，则改由小泵1供油，彼此无牵连，也就无干扰。图6-52所示的状态下各液压缸原位停止。当电磁铁3YA、电磁铁4YA通电时，二位五通电磁换向阀7、二位五通电磁换向阀8左位工作，两液压缸都由大泵2供油进行差动快进，小泵1输出的油液在二位五通电磁

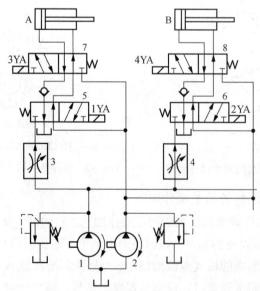

1—小泵　2—大泵　3、4—调速阀　5、6、7、8—二位五通电磁换向阀

图6-52　互不干扰动作回路

换向阀 5、二位五通电磁换向阀 6 处被堵截。设液压缸 A 先完成快进，由行程开关使电磁铁 1YA 通电，电磁铁 3YA 断电，此时大泵 2 到液压缸 A 的进油路被切断，而小泵 1 的进油路打开，液压缸 A 由调速阀 3 调速进行工进，液压缸 B 仍快进，互不影响。当各液压缸都转为工进后，它们全由小泵 1 供油。此后，若液压缸 A 又率先完成工进，行程开关应使二位五通电磁换向阀 5 和二位五通电磁换向阀 7 的电磁铁都通电，液压缸 A 由大泵 2 供油快退。当各电磁铁皆断电时，各液压缸皆停止运动，并被锁紧于所在位置。

●●● 项目技能训练 ●●●

技能训练 7：液压换向回路的装调

技能训练 8：液压锁紧回路的装调

技能训练 9：液压减压回路的装调

技能训练 10：液压快速运动回路的装调

技能训练 11：液压同步动作回路的装调

技能训练 12：液压顺序动作回路的装调

本项目包括 6 个技能训练，详见随书提供的技能训练手册。

●●● 项目拓展与自测 ●●●

【拓展作业】

1. 在图 6-53 所示的回路中，若溢流阀的调定压力分别为 p_{y1}=6MPa，p_{y2}=4.5MPa。液压泵出油口处的负载为无限大，试问在不计管道压力损失和调压偏差时：（1）二位二通电磁换向阀下位接入回路时，液压泵的工作压力为多少？B 点和 C 点的压力各为多少？（2）二位二通电磁换向阀上位接入回路时，液压泵的工作压力为多少？B 点和 C 点的压力各为多少？

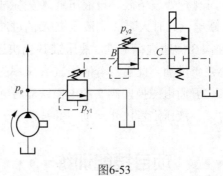

图6-53

2．图 6-54 所示为顺序动作回路，两液压缸的有效工作面积及负载均相同，但在工作中发生不能按规定的液压缸 A 先动、液压缸 B 后动的顺序动作，试分析其原因，并提出改进的方法。

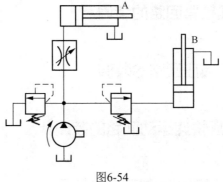

图6-54

3．图 6-55 所示为压力控制的顺序动作回路，动作顺序为"缸 2 前进→缸 1 前进→缸 2 退回→缸 1 退回"，试分析该回路：

（1）说明该回路的工作原理；

（2）阀 5 的调定压力如何确定？

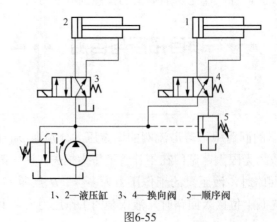

1、2—液压缸　3、4—换向阀　5—顺序阀

图6-55

【线上自测】

1. 选择题

（1）在图 6-56 所示的换向回路中，如果要求液压缸停位准确，停止后液压泵卸荷，那么三位四通换向阀的中位机能应选择（　）型中位机能。

A．O　　　　　　　　B．M　　　　　　　　C．H

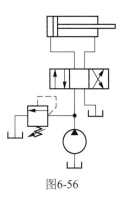

图6-56

（2）在图 6-57 所示的回路中，液压缸 B 活塞进退所需压力均为 2 MPa，各阀的调定压力如图 6-57 所示。当二位二通电磁换向阀 A 的电磁铁通电后，液压缸 B 活塞退回不动时，液压缸 C 的压力是（　）。

A．5MPa　　　　　　B．1.5MPa　　　　　　C．4MPa

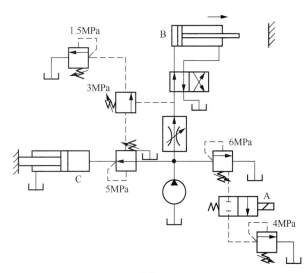

图6-57

（3）图 6-58 所示为 3 种不同形式的平衡回路，其中（　）的运动平稳性最好。

A．（a）　　　　　　B．（b）　　　　　　C．（c）

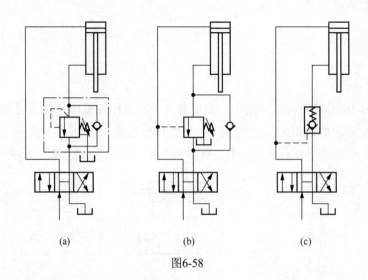

图6-58

（4）大流量液压系统中的换向回路多采用（　　）。

　　　A．液动换向阀　　　　　　　B．电磁换向阀　　　　　　C．手动换向阀

（5）节流调速回路中，（　　）没有溢流损失。

　　　A．进油口节流调速回路　　B．出油口节流调速回路　　C．旁路节流调速回路

2．判断题

（1）换向回路的功能是改变执行元件的运动方向。（　　）

（2）调速回路中容积节流调速回路的效率最高。（　　）

（3）进油口节流调速回路可以承受负值负载。（　　）

（4）调速阀串联的速度换接回路中，调速阀的开度大小关系不影响回路性能。（　　）

（5）串联液压缸同步动作回路中，两个液压缸相连的两腔的有效工作面积不必相等。
（　　）

项目7
典型液压系统的分析与装调

07

••• 项目信息 •••

【项目概述】

由于液压系统所服务的主机的工作循环、动作特点等各不相同，相应的液压系统的组成、作用和特点也不尽相同。

【项目目标】

本项目的目标包括：①进一步熟悉各液压元件在液系统中的作用；②进一步熟悉各种基本回路的组成及功能；③掌握分析液压系统的方法和步骤；④提高表达能力和沟通能力。

••• 项目知识学习 •••

7.1 机床动力滑台液压系统的分析

【问题引入】

机床动力滑台是组合机床用来实现进给运动的通用部件，配置动力头和主轴箱后可以对工件完成孔加工、端面加工等工序。机床动力滑台用液压缸驱动，可实现多种进给的工作循环。现有一台机床动力滑台可完成"快进→一工进→二工进→快退→原位停止"的工作循环。请思考以下问题。

（1）如何实现快进？

（2）如何实现一工进？

（3）如何实现二工进？

（4）如何实现快退？

（5）如何实现原位停止？

（6）机床动力滑台液压系统有何特点？

7.1.1 机床动力滑台液压系统工作原理

图 7-1 所示为机床动力滑台液压系统原理图。这个系统采用限压式变量泵 2 供油，用三位五通电液换向阀 5 换向，用行程阀 17 实现快进和工进的变换，用二位二通电磁换向阀 14 实现两种工进的变换。

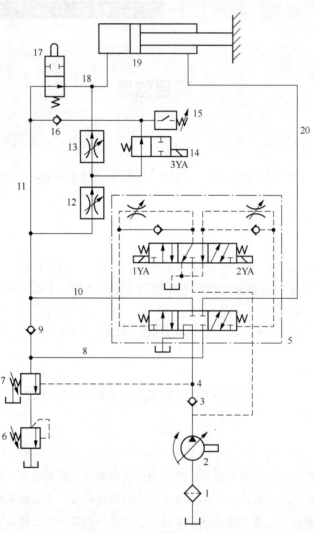

1—过滤器　2—限压式变量泵　3、9、16—单向阀　4、18—管接头　5—三位五通电液换向阀　6—背压阀　7—液控顺序阀

8、10、11、20—油管　12、13—调速阀　14—二位二通电磁换向阀　15—压力继电器　17—行程阀　19—液压缸

图7-1　机床动力滑台液压系统原理图

1. 快进

电磁铁 1YA 得电，电磁铁 2YA、电磁铁 3YA 不得电，三位五通电液换向阀 5 的先导阀左位工作，限压式变量泵 2 输出的油液经先导阀左位到达主阀左端控制油口，主阀右端控制油口接通油箱，主阀左位工作。由于机床动力滑台空载，系统压力低，液控顺序阀 7

关闭，液压缸 19 形成差动连接。进油路为：限压式变量泵 2、单向阀 3、三位五通电液换向阀 5（左位）、行程阀 17（下位）、液压缸 19 无杆腔。回油路为：液压缸 19 有杆腔、三位五通电液换向阀 5（左位）、单向阀 9、行程阀 17（下位）、液压缸 19 无杆腔。

2. 一工进

液压缸 19 行进到一定位置，压下行程阀 17，原来的进油路被切断，调速阀 12 接入进油路，调速阀 12 前的进油路压力升高，使液控顺序阀 7 打开，单向阀 9 关闭。因此，进油路为：限压式变量泵 2、单向阀 3、三位五通电液换向阀 5（左位）、调速阀 12、二位二通电磁换向阀 14（左位）、液压缸 19 无杆腔。回油路为：液压缸 19 有杆腔、三位五通电液换向阀 5（左位）、液控顺序阀 7、背压阀 6、油箱。

3. 二工进

一工进结束，电磁铁 3YA 得电，调速阀 13 接入进油路，调速阀 13 的开度小于调速阀 12 的开度。进油路为：限压式变量泵 2、单向阀 3、三位五通电液换向阀 5（左位）、调速阀 12、调速阀 13、液压缸 19 无杆腔。回油路为：液压缸 19 有杆腔、三位五通电液换向阀 5（左位）、液控顺序阀 7、背压阀 6、油箱。

4. 死挡块停留

二工进结束，机床动力滑台碰上死挡块停止不动，同时系统压力升高到压力继电器 15 的调定压力，压力继电器 15 发出信号给时间继电器，时间继电器延时，再发出信号使电磁铁 1YA、电磁铁 3YA 断电，电磁铁 2YA 通电。

5. 快退

三位五通电液换向阀 5 的先导阀右位工作，限压式变量泵 2 输出的油液到达主阀右端控制油口，主阀左端控制油口与油箱相连，主阀右位工作。进油路为：限压式变量泵 2、三位五通电液换向阀 5（右位）、液压缸 19 有杆腔。回油路为：液压缸 19 无杆腔、单向阀 16、三位五通电液换向阀 5（右位）、油箱。

6. 原位停止

机床动力滑台退回到原位时，行程挡块压下行程开关，行程开关发出信号，使电磁铁 2YA 断电，三位五通电液换向阀 5 中位工作，限压式变量泵 2 经单向阀 3 和三位五通电液换向阀 5 中位卸荷，机床动力滑台停止运动。

7.1.2 机床动力滑台液压系统的特点

（1）采用由限压式变量泵和调速阀组成的容积节流调速回路进行速度调节，调速阀安装在进油路上，在回油路上安装背压阀。

（2）采用液压缸差动连接实现快速运行。

（3）采用电液换向阀实现换向，工作平稳、可靠，同时由压力继电器与时间继电器发出的电信号控制换向。

（4）采用行程阀实现快进与一工进的速度换接，换接可靠性好。

（5）两种工进的速度换接采用调速阀串联的回路实现。

7.2 汽车起重机液压系统的分析

【问题引入】

　　汽车起重机是将起重机安装在汽车底盘上的一种起重运输设备，是我国应用广泛、发展迅速的一种工程机械。Q2-8 型汽车起重机液压系统实现的动作主要包括：支腿收放，回转机构回转，大臂伸缩与变幅，重物起升、下放和制动。请思考以下问题。

　　（1）如何实现支腿收放？

　　（2）如何实现回转机构回转？

　　（3）如何实现大臂伸缩与变幅？

　　（4）如何实现重物起升、下放和制动？

　　（5）Q2-8 型汽车起重机液压系统有哪些特点？

7.2.1　汽车起重机液压系统的工作原理

　　如图 7-2 所示，Q2-8 型汽车起重机液压系统的液压泵 1 由汽车发动机通过装在汽车底盘变速器上的取力箱传动。液压泵 1 的工作压力为 21MPa，排量为 40mL/r，转速为 1500r/min，液压泵 1 通过中心回转接头从油箱吸油，输出的压力油经手动阀组 A 和手动阀组 B 输送到各个执行元件。溢流阀 12（安全阀）用来防止系统过载，其调定压力为 19MPa，其实际工作压力可由压力表读取。这是一个单泵、开式、串联（串联式多路阀）液压系统。

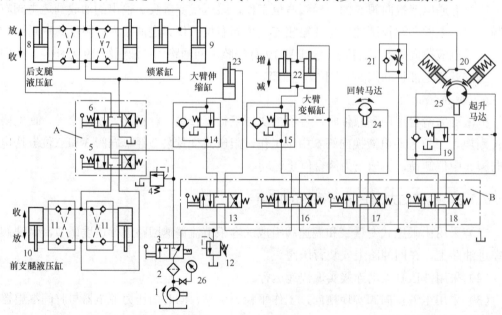

1—液压泵　2—过滤器　3—二位三通手动换向阀　4、12—溢流阀　5、6、13、16、17、18—三位四通手动换向阀

7、11—液控单向阀（用作双向液压锁）　8、9、10、20、22、23—液压缸　14、15、19—单向顺序阀（用作平衡阀）

21—单向节流阀　24、25—马达　26—压力表

图7-2　Q2-8型汽车起重机液压系统原理图

1. 支腿收放

以前支腿伸出动作为例，其进油路为：液压泵 1、过滤器 2、二位三通手动换向阀 3（左位）、三位四通手动换向阀 5（右位）、双向液压锁 11、前支腿液压缸 10 无杆腔。回油路为：前支腿液压缸 10 有杆腔、双向液压锁 11、三位四通手动换向阀 5（右位）、三位四通手动换向阀 6（中位）、油箱。

以后支腿缩回动作为例，其进油路为：液压泵 1、过滤器 2、二位三通手动换向阀 3（左位）、三位四通手动换向阀 5（中位）、三位四通手动换向阀 6（左位）、双向液压锁 7、后支腿液压缸 8 有杆腔。回油路为：后支腿液压缸 8 无杆腔、双向液压锁 7、三位四通手动换向阀 6（左位）、油箱。

2. 大臂伸缩

大臂伸出时，其进油路为：液压泵 1、过滤器 2、二位三通手动换向阀 3（右位）、三位四通手动换向阀 13（左位）、单向顺序阀 14、大臂伸缩缸 23 无杆腔。回油路为：大臂伸缩缸 23 有杆腔、三位四通手动换向阀 13（左位）、三位四通手动换向阀 16（中位）、三位四通手动换向阀 17（中位）、三位四通手动换向阀 18（中位）、油箱。

大臂缩回时，其进油路为：液压泵 1、过滤器 2、二位三通手动换向阀 3（右位）、三位四通手动换向阀 13（右位）、大臂伸缩缸 23 有杆腔。回油路为：大臂伸缩缸 23 无杆腔、单向顺序阀 14、三位四通手动换向阀 13（右位）、三位四通手动换向阀 16（中位）、三位四通手动换向阀 17（中位）、三位四通手动换向阀 18（中位）、油箱。

3. 大臂变幅

大臂变幅时的进油路和回油路与大臂伸缩时的类似。增幅时，其进油路为：液压泵 1、过滤器 2、二位三通手动换向阀 3（右位）、三位四通手动换向阀 13（中位）、三位四通手动换向阀 16（左位）、单向顺序阀 15、大臂变幅缸 22 无杆腔；回油路为：大臂变幅缸 22 有杆腔、三位四通手动换向阀 16（左位）、三位四通手动换向阀 17（中位）、三位四通手动换向阀 18（中位）、油箱。

减幅时，其进油路为：液压泵 1、过滤器 2、二位三通手动换向阀 3（右位）、三位四通手动换向阀 13（中位）、三位四通手动换向阀 16（右位）、大臂变幅缸 22 有杆腔。回油路为：大臂变幅缸 22 无杆腔、单向顺序阀 15、三位四通手动换向阀 16（右位）、三位四通手动换向阀 17（中位）、三位四通手动换向阀 18（中位）、油箱。

4. 回转机构的回转

以回转马达左油口进油、右油口回油为例，其进油路为：液压泵 1、过滤器 2、二位三通手动换向阀 3（右位）、三位四通手动换向阀 13（中位）、三位四通手动换向阀 16（中位）、三位四通手动换向阀 17（左位）、回转马达 24 左油口。回油路为：回转马达 24 右油口、三位四通手动换向阀 17（左位）、三位四通手动换向阀 18（中位）、油箱。若要反转，则将三位四通手动换向阀 17 由左位工作切换至右位工作即可。

5. 重物起升、下放和制动

重物起升时，其进油路为：液压泵 1、过滤器 2、二位三通手动换向阀 3（右位）、三位四通手动换向阀 13（中位）、三位四通手动换向阀 16（中位）、三位四通手动换向阀 17（中位）、三位四通手动换向阀 18（左位）、单向顺序阀 19、起升马达 25 左油口。回油路为：起升马达 25 右油口、三位四通手动换向阀 18（左位）、油箱。

重物下放时，其进油路为：液压泵 1、过滤器 2、二位三通手动换向阀 3（右位）、三位四通手动换向阀 13（中位）、三位四通手动换向阀 16（中位）、三位四通手动换向阀 17（中位）、三位四通手动换向阀 18（右位）、起升马达 25 右油口。回油路为：起升马达 25 左油口、单向顺序阀 19、三位四通手动换向阀 18（右位）、油箱。

重物起升或下放过程中，高压油经单向节流阀 21 进入单作用液压缸 20 有杆腔，推动活塞杆缩回，解除制动。

重物静止在某一位置需要制动时，三位四通手动换向阀 18 中位工作，单作用液压缸 20 的活塞杆在弹簧力的作用下伸出，油液经单向节流阀 21 和三位四通手动换向阀 18（中位）流回油箱。

7.2.2　汽车起重机液压系统的特点

汽车起重机液压系统具有以下特点。

（1）在平衡回路中，由于重物在下降时以及大臂收缩和变幅时，负载与液压力方向相同，执行元件会失控，因此，在其回油路上采用单向顺序阀（液控）作为平衡阀，以避免在重物起升、大臂伸缩和变幅作业过程中重物因自身重力而下落，保证工作稳固、可靠，但在一个方向有单向阀造成的背压，会给系统造成一定的功率损耗。

（2）在制动回路中，采取由单向节流阀和单作用制动缸形成的制动器，利用调整好的弹簧力进行制动，制动可靠，动作快；由于要压缩弹簧来松开制动，松开制动的动作慢，可防止负重起重时的溜车现象发生，能够确保起吊安全，并且在汽车发动机熄火或液压系统出现故障时能够迅速实现制动，预防被起吊的重物下落。

（3）在支腿收放回路中，采用由液控单向阀形成的双向液压锁将前、后支腿锁定在指定位置上，工作安全可靠，确保整个起吊过程中，每条支腿都不会出现"软腿"的现象，即便出现发动机故障或液压管道泄漏的情形，双向液压锁仍能长时间可靠锁紧。

（4）在调压回路中，采用溢流阀来限制系统最高工作压力，防止系统过载，对起重机起超重保护作用。

（5）在调速回路中，通过改变三位四通手动换向阀的开度大小来调节各执行元件的运动速度，使得控制、换向、调速集三位四通手动换向阀于一身，这对作业工况随机性较大且动作频繁的起重机来说，实现集中控制，便于操作。

（6）在多缸卸荷回路中，采用多路换向阀结构，其中的每一个三位四通手动换向阀的中位机能皆为 M 型中位性能，并且将三位四通手动换向阀串联使用，这样能够使任何一个执行元件单独动作；这种串联结构也可以在轻载下使执行元件任意组合地同时动作，但采用的三位四通手动换向阀个数过多，会使液压泵的卸荷压力增大，系统效率下降。

●●● 项目技能训练 ●●●

技能训练 13：数控机床刀库液压系统的装调

本项目包括 1 个技能训练，详见随书提供的技能训练手册。

●●● 项目拓展与自测 ●●●

【拓展作业】

某液压机主机由上横梁 3、主缸 2、滑块 4、导向立柱 5、下横梁 6、顶出缸 7 等组成，如图 7-3 所示。其液压系统完成的动作循环图如图 7-4 所示：主缸实现原位停止→快速下行→慢速加压→保压延时→卸压并快速返回→原位停止；顶出缸实现原位停止顶出→停留→退回。液压机液压系统原理图如图 7-5 所示。请分析该液压机液压系统的各个动作如何完成，写出各动作的油液流动路线。

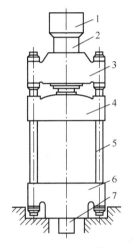

1—充液箱　2—主缸　3—上横梁　4—滑块

5—导向立柱　6—下横梁　7—顶出缸

图7-3　液压机的组成

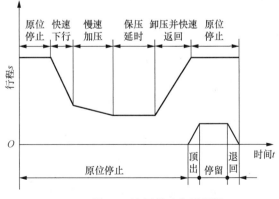

图7-4　液压机动作循环图

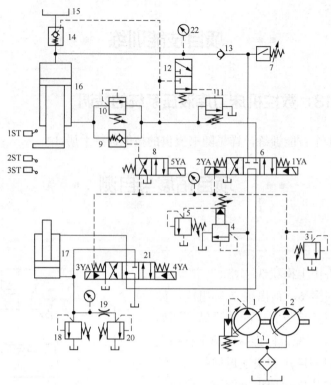

1—主泵　2—辅助泵　3、4、18—溢流阀　5—远程调压阀　6、21—三位四通电液换向阀　7—压力继电器
8—二位四通电磁换向阀　9、14—液控单向阀　10、20—背压阀　11—顺序阀　12—二位三通液动换向阀
13—单向阀　15—油箱　16—主缸　17—顶出缸　19—节流阀　22—压力表

图7-5　液压机液压系统原理图

【线上自测】

1. 选择题

（1）汽车起重机液压系统中采用的换向阀中位机能为（　　　）型中位机能。

    A．O　　　　　　　　　　　B．M　　　　　　　　　　　C．H

（2）汽车起重机液压系统制动回路中的液压缸是（　　　）。

    A．双作用活塞缸　　　　　B．单作用活塞缸　　　　　C．柱塞缸

（3）机床动力滑台液压系统是通过（　　　）实现快进动作的。

    A．液压缸差动连接　　　　B．双泵供油　　　　　　　C．蓄能器

（4）机床动力滑台液压系统是通过（　　　）实现一工进和二工进速度换接的。

    A．调速阀并联　　　　　　B．调速阀串联　　　　　　C．机动换向阀

（5）汽车起重机液压系统采用（　　　）防止变幅缸静止时自行下滑。

    A．溢流阀　　　　　　　　B．顺序阀　　　　　　　　C．减压阀

2. 判断题

（1）在图7-2所示汽车起重机液压系统中，阀12是溢流阀，起安全保护作用。（　　　）

（2）在图7-1所示的机床动力滑台液压系统中单向阀3可防止油液倒流，保护液压泵。

（　　　）

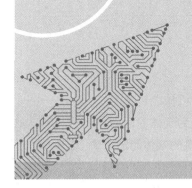

项目8
气动元件的认识

08

••• **项目信息** •••

【项目概述】

　　气压传动是以压缩空气为工作介质传递运动和动力的一种技术，与液压传动在基本工作原理、系统组成、元件结构和图形符号等方面有很多相似之处。气动元件是组成气压传动系统的最小单元，分为气源装置、气动执行元件、气动控制元件和气动辅助元件4类。

【项目目标】

　　本项目的目标包括：①掌握气源装置与气动辅助元件的组成、工作原理、功能；②掌握气动执行元件的分类、结构、工作原理、功能；③掌握气动控制元件的分类、结构、工作原理、功能；④能够对气动元件出现的故障进行排除；⑤提高团队合作意识，培养良好的沟通能力。

••• **项目知识学习** •••

8.1　气源装置与气动辅助元件的认识

【问题引入】

　　气压传动系统中的工作介质是大量的压缩空气，它必须满足一定的质量要求：

　　（1）要求压缩空气具有一定的压力和足够的流量；

　　（2）要求压缩空气具有一定的清洁度和干燥度。

　　请思考以下问题。

　　（1）该选用何种设备才能满足气压传动系统的需求呢？

　　（2）常见的气动辅助元件有哪些？各起什么作用？

8.1.1　气源装置

我们知道，液压传动系统中的动力元件将原动机供给的机械能转换为液体的压力能，同理，气源装置将原动机供给的机械能转换为气体的压力能，为气动系统提供具有一定压力和流量的压缩空气，且提供的气体清洁、干燥。

气源装置通常由空气压缩机（简称空压机）和气源净化装置两大部分组成，由空压机产生的具有一定压力和流量的压缩空气，必须经过降温、净化、减压、稳压等一系列处理后，才能供给气动控制元件和气动执行元件使用。而用过的压缩空气排向大气，会产生噪声，应采取措施降低噪声，以改善劳动条件和环境质量。

图 8-1 所示为典型的气源装置组成示意图。空压机 1 一般由电机带动。后冷却器 2 用以冷却压缩空气，使净化的水凝结出来。油水分离器 3 用以分离并排出冷却的水滴、油滴、杂质等。储气罐 4 用以储存压缩空气，稳定压缩空气的压力，并除去部分油分和水分。干燥器 5 用以进一步吸收或排出压缩空气中的水分和油分，使之成为干空气。空气过滤器 6 用以进一步过滤压缩空气。储气罐 4 输出的压缩空气（如工业用气）可用于一般要求的气压传动系统，储气罐 7 输出的压缩空气可用于要求较高的气压传动系统（如气动仪表及某些气动控制回路等）。

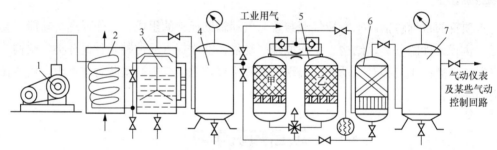

1—空压机　2—后冷却器　3—油水分离器　4、7—储气罐　5—干燥器　6—空气过滤器

图8-1　典型的气源装置组成示意图

1.　空压机

空压机是气源装置的核心装置，其作用是将电机输出的机械能转换成压缩空气的压力能供给气动系统使用。

（1）空压机的分类

空压机按压力大小分为低压型（0.2～1.0 MPa）空压机、中压型（1.0～10 MPa）空压机和高压型（>10 MPa）空压机。

按工作原理不同，空压机分为容积式空压机和速度式空压机。容积式空压机的工作原理是将一定量的连续气流限制于封闭的空间里，通过缩小气体的体积来提高气体的压力。按结构不同，容积式空压机分成往复式空压机（如活塞式空压机和膜片式空压机等）和旋转式空压机（如滑片式空压机和螺杆式空压机等），如图 8-2 所示。

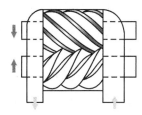

（a）活塞式空压机　　　　　　　　　　（b）螺杆式空压机

图8-2 容积式空压机的工作原理图

注：图中深色箭头表示活塞杆或螺杆旋转方向，浅色箭头表示进出气方向。

（2）空压机的选用

空压机主要依据工作可靠性、经济性与安全性进行选择。

① 排气压力和排气量。根据国家标准，一般用途的空压机的排气压力为 0.7 MPa，旧标准为 0.8 MPa。排气量的大小也是空压机的主要参数之一，空压机的排气量要和自己所需的排气量相匹配，并留 10%左右的余量。

② 用气的场合和条件。用气的场合和条件也是选择空压机的重要因素。如果用气场合空间狭小，则应选择立式空压机，如船用空压机、车用空压机；如果在用气场合需要做长距离的移动（超过 500m），则应选择移动式空压机；如果用气场合不能供电，则应选择柴油机驱动式空压机；如果用气场合没有自来水，就必须选择风冷式空压机。

③ 压缩空气的质量。一般空压机产生的压缩空气均含有一定量的润滑油，并含有一定量的水。有些用气场合是禁油和禁水的，这时不但要注意空压机选型，而且必要时要增加附属装置，解决方法一般有两种。一是选用无油润滑空压机，这种空压机气缸中基本不含油，其活塞环的材料和填料一般为聚四氟乙烯。这种空压机也有缺点，首先是润滑不良、故障率高；其次，聚四氟乙烯是一种有害物质，食品、制药行业不能使用这种空压机；最后，无油润滑空压机输出的压缩空气只能做到不含油，不能做到不含水。二是采用油润滑空压机，再进行净化。通常的做法是无论采用哪种空压机都再加一级或二级净化装置或干燥器。这种装置可使空压机输出的空气既不含油又不含水，使压缩空气中的含油、水量在 5×10^{-6} 以下，以满足工艺要求。

④ 运行的安全性。空压机是一种带压工作的设备，工作时伴有温度和压力升高，其运行的安全性要放在首位。空压机除设置安全阀之外，还必须设置压力调节阀，实行超压卸荷双保险。只有安全阀而没有压力调节阀，不但会影响空压机的安全系数，而且会使运行的经济性降低。

2. 储气罐

储气罐的主要作用如下。

（1）储存压缩空气。储气罐一方面可解决短时间内用气量大于空压机输出气量的问题；另一方面可在空压机出现故障或停电时作为应急气源维持短时间供气，以便采取措施保证气动设备的安全。

（2）减小空压机输出气压的脉动，稳定系统气压。

（3）降低压缩空气的温度，分离压缩空气中的部分水分和油分。

储气罐的容积根据其主要使用目的（如消除压力脉动、储存压缩空气、调节用气量）来选择。应当注意的是由于压缩空气具有很强的可压缩性，所以在储气罐上必须设置安全阀来保证安全。储气罐底部还装有排污阀，用于将储气罐中的污水定期排放。

储气罐有多种结构，一般采用圆筒状焊接结构，其中立式的较多，立式储气罐的结构原理图和图形符号如图 8-3 所示。

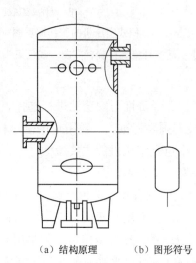

（a）结构原理　　　（b）图形符号

图8-3　立式储气罐的结构原理图和图形符号

3．后冷却器

后冷却器安装在空压机出口处的管道上，其作用是将高温压缩空气冷却到 40～50℃，使压缩空气中含有的油分和水分达到饱和，并使其大部分凝结成油滴和水滴，便于经油水分离器排出。后冷却器有风冷式后冷却器和水冷式后冷却器两大类。风冷式后冷却器靠风扇产生冷空气，吹向带散热片的热空气管道，经风冷后，压缩空气的温度比环境温度高 15℃左右。水冷式后冷却器是通过强迫冷却水沿压缩空气流动方向的反方向流动来进行冷却的，经水冷后，压缩空气的温度比环境温度高 10℃左右。一般采用水冷式后冷却器，其分为蛇形管式后冷却器和列管式后冷却器，其结构原理图和图形符号如图 8-4 所示。为提高降温效率，要特别注意冷却水与压缩空气的流动方向，如图 8-4 中箭头所示。

4．油水分离器

油水分离器安装在后冷却器出口，其作用是分离并排出压缩空气中凝聚的油分、水分等，使压缩空气得到初步净化。油水分离器的结构形式有环形回转式、撞击折回式、离心旋转式、水浴式以及以上形式的组合等。油水分离器主要利用回转产生离心撞击、水洗等动作，使水、油等液滴和其他杂质颗粒从压缩空气中分离。图 8-5 所示为撞击折回并回转式油水分离器的结构原理图和图形符号，它的工作原理是：当压缩空气由入口进入油水分离器壳体后，气流先受到隔板阻挡而被撞击折回向下（见图 8-5 中箭头所示流向）；之后上升产生环形回转。这样压缩空气中的油滴、水滴等杂质由于惯性而分离析出，沉降于壳体底部，由放水阀定期排出。

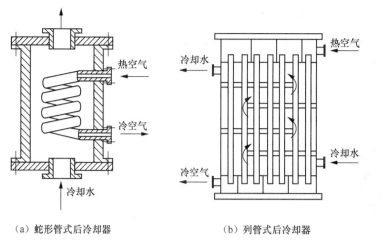

（a）蛇形管式后冷却器　　（b）列管式后冷却器　　（c）图形符号

图8-4　后冷却器的结构原理图和图形符号

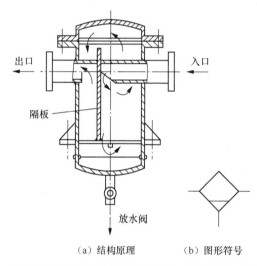

（a）结构原理　　（b）图形符号

图8-5　撞击折回并回转式油水分离器的结构原理图和图形符号

5. 干燥器

干燥器的作用是进一步除去压缩空气中含有的少量油分、水分、粉尘等杂质，使压缩空气干燥，提供给对压缩空气质量要求较高的系统及精密气动装置使用。

压缩空气的干燥方法主要有机械法、离心法、冷冻法、吸收法和吸附法等。目前使用非常广泛的是冷冻法和吸附法。冷冻法是利用制冷设备使压缩空气冷却到其露点温度以下，析出空气中的多余水分，从而达到所需要的干燥程度。吸附法是利用硅胶、活性氧化铝、焦炭或分子筛等具有吸附性能的干燥剂来吸附压缩空气中的水分，而达到使其干燥的目的，吸附法的除水效果非常好。

6. 空气过滤器

空气过滤器主要用于除去压缩空气中的固态杂质、水滴和油污等污染物，是保证气动设备正常运行的重要元件。空气过滤器按排水方式分为手动排水式空气过滤器和自动排水式空气过滤器。

　　空气过滤器的工作原理是根据固态杂质、水滴、油污和空气分子的大小和质量不同，利用惯性、阻隔和吸附的方法将固态杂质、水滴、油污与空气分离。常用的空气过滤器有一次过滤器、二次过滤器和分水滤气器。一次过滤器的滤灰效率为 50%～70%；二次过滤器的滤灰效率为 70%～90%。分水滤气器的实物图、结构原理图和图形符号如图 8-6 所示。

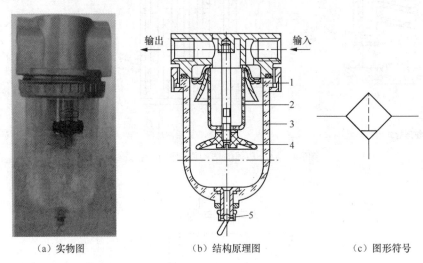

| （a）实物图 | （b）结构原理图 | （c）图形符号 |

1—导流叶片　2—滤芯　3—储水杯　4—挡水杯　5—排水阀

图8-6　分水滤气器的实物图、结构原理图和图形符号

8.1.2　气动辅助元件

　　气动辅助元件是连接气动系统和提高系统可靠性，以及改善工作环境等所必需的组成部分。

　　1. 油雾器

　　气动元件内部有许多相对滑动的部分，有些相对滑动部分之间还有密封圈。为了减少相对运动件之间的摩擦力，保证气动元件正常动作，减小磨损以防止泄漏，延长气动元件的使用寿命，保证良好的润滑是非常重要的。由于空气无自润滑性，所以必须外加润滑剂。油雾器就是一种特殊的注油装置，能将润滑油经气流引射出来并雾化后混入压缩空气中，随压缩空气流入需要润滑的部位，达到润滑的目的。

　　油雾器的工作原理图、实物和图形符号如图 8-7 所示。假设输入压力为 p_1，气流从左向右流经文氏管后压力降为 p_2，当 p_1 和 p_2 的压差 Δp 大于把油吸到排出口所需压力 $\rho g h$（ρ 为油液密度）时，油被吸到油雾器上部，在排出口形成油雾并随压缩空气流动到需润滑的部位。在工作过程中，油雾器油杯中的润滑油的油位应始终保持在油杯上、下限刻度线之间，油位过低会导致油管露出液面吸不上油；油位过高会导致气流与油液直接接触，带走过多润滑油，造成管道内油液沉积。

　　2. 消声器

　　气压传动系统一般不设排气管道，使用后的压缩空气直接排入大气。由于气体的体积急剧膨胀，因此会产生刺耳的噪声。排气的速度和功率越大，噪声也越大，一般可达 100～

120dB。这种噪声会使工作环境恶化，危害人体健康。一般说来，噪声达到 85dB 就要设法降低，为此可在换向阀的排气口安装消声器来降低排气噪声。消声器是能阻止声音传播而允许气流通过的一种气动元件，气动装置中的消声器主要有吸收型消声器、膨胀干涉型消声器和膨胀干涉吸收型消声器三大类。

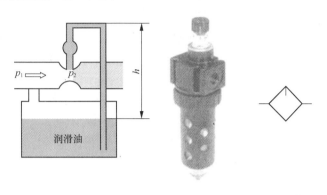

（a）工作原理图　　　　（b）实物图　　　（c）图形符号

图8-7　油雾器的工作原理图、实物图和图形符号

吸收型消声器主要依靠吸声材料消声，让气流通过多孔的吸声材料，靠流动摩擦生热而使气体的压力能转换为热能耗散，从而减小排气噪声。吸收型消声器结构简单，对中、高频噪声一般可降低 20dB，但排气阻力较大，因此常安装于换向阀的排气口处，如不及时清洗、更换可能导致背压过高。吸声材料大多使用聚氯乙烯纤维、玻璃纤维、烧结铜珠等。吸收型消声器依据排气口直径选用即可，使用过程中注意定期清洗，以免堵塞后影响换向阀。吸收型消声器的结构原理图和图形符号如图 8-8 所示。消声罩 2 为多孔的吸声材料，一般用聚苯乙烯或铜珠烧结而成。当消声器的通径小于 20mm 时，多用聚苯乙烯作为吸声材料制作消声罩；当消声器的通径大于 20mm 时，消声罩多用铜珠烧结而成，以增加强度。

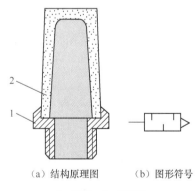

（a）结构原理图　　　（b）图形符号

1—端盖　2—消声罩

图8-8　吸收型消声器的结构原理图和图形符号

吸收型消声器结构简单，具有良好的消除中、高频噪声的性能，消声效果约 20dB。在气压传动系统中，排气噪声主要是中、高频噪声，尤其是高频噪声，所以采用这种消声器是合适的。在主要是中、低频噪声的场合，应使用膨胀干涉型消声器。

3. 管道连接件

在气动装置中，连接各元件的管道可分为硬管和软管两种。对于工厂气源主干道和大型气动装置以及适用于高温、高压和固定不动部位的连接，如总气管和支气管等一些固定不动、不需要经常装拆的地方，使用硬管。连接运动件、临时使用、希望装拆方便的管路应使用软管。硬管有铁管、铜管、黄铜管、纯铜管和硬塑料管等，软管有软塑料管、尼龙管、橡胶管、金属编织塑料管以及挠性金属导管等。常用的是纯铜管和尼龙管。气动系统中使用的管接头的结构及工作原理与液压系统中使用的管接头基本相似，分为卡套式管接头、扩口螺纹式管接头、卡箍式管接头、插入快换式管接头等。

8.2 气动执行元件的认识

【问题引入】

气动系统的最终目的是采用压缩空气的压力能作为动力，通过执行元件来驱动外部机构做直线、摆动和旋转运动。请思考以下问题。

（1）气动执行元件有哪些？

（2）不同气动执行元件的结构与工作原理是怎样的？

8.2.1 气缸

气动系统常用的执行元件为气缸和气马达。它们是将压缩空气的压力能转换为机械能的元件。气缸用于实现往复直线运动，输出力和直线位移。气马达用于实现连续回转运动，输出力矩和角位移。

在气动自动化系统中，由于气缸具有相对较低的成本、容易安装、结构简单、耐用、各种缸径尺寸及行程可选等优点，所以是应用较为广泛的一种执行元件。

1. 气缸的分类和特点

气缸的种类很多，一般可按其驱动方式、结构特点、安装方式、功能和尺寸来分类。由于气缸应用十分广泛，根据使用的条件不同，其结构、形状也有多种形式，常用的分类方法有以下几种。

（1）按驱动方式分类。按驱动气缸时压缩空气作用在活塞端面上的方向，气缸可分为单作用气缸和双作用气缸。单作用气缸的特点是压缩空气只能使活塞向一个方向运动，向另一个方向运动则需要借助外力、重力。双作用气缸的特点是压缩空气可使活塞向两个方向运动。

（2）按结构特点分类。气缸可分为活塞式气缸、叶片式气缸、薄膜式气缸、气-液阻尼缸等。

（3）按安装方式分类。气缸可分为耳座式气缸、法兰式气缸、轴销式气缸和凸缘式气缸。

（4）按功能分类。气缸可分为普通气缸和特殊气缸。普通气缸主要指活塞式单作用气缸和活塞式双作用气缸。普通气缸用于无特殊使用要求的场合，如一般的驱动装置、定位装置、夹紧装置的驱动等。特殊气缸包括气-液阻尼缸、薄膜式气缸、冲击气缸、伸缩气缸、回转气缸、摆动式气缸等。

（5）按尺寸分类。通常缸径为 2.3～6mm 的气缸称为微型气缸，缸径为 8～25mm 的气缸称为小型气缸，缸径为 32～320mm 的气缸称为中型气缸，缸径大于 320mm 的气缸称为大型气缸。

2. 气缸的基本构造

各类气缸中使用得最多的一种是活塞式单活塞杆气缸，属于普通气缸。普通气缸可分为单作用气缸和双作用气缸两种，图 8-9 所示为普通型单活塞杆双作用气缸的结构原理图和图形符号。

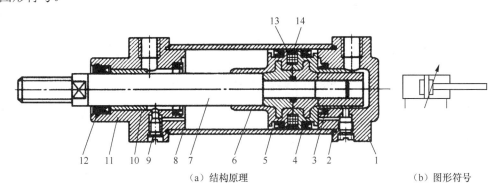

（a）结构原理 （b）图形符号

1—后缸盖 2—密封圈 3—缓冲密封圈 4—活塞密封圈 5—活塞 6—缓冲柱塞 7—活塞杆

8—缸筒 9—缓冲节流阀 10—导向套 11—前缸盖 12—防尘密封圈 13—磁铁 14—导向环

图8-9 普通型单活塞杆双作用气缸的结构原理图和图形符号

普通型单活塞杆双作用气缸一般由缸筒 8、前缸盖 11、后缸盖 1、活塞 5、活塞杆 7、密封件和紧固件等组成。缸筒 8 在前缸盖 11 和后缸盖 1 之间由 4 根拉杆和螺母将其紧固锁定（图 8-9 中未画出）。普通型单活塞杆双作用气缸内有与活塞杆 7 相连的活塞 5，活塞 5 上装有活塞密封圈 4。为防止漏气和外部灰尘的进入，前缸盖 11 上装有活塞杆 7 的防尘密封圈 12。这种普通型单活塞杆双作用气缸被活塞 5 分成有杆腔（简称头腔或前腔）和无杆腔（简称尾腔或后腔）。

当从无杆腔的气口输入压缩空气时，若气压作用在活塞上的力克服摩擦力及负载等各种反作用力，则气压力推动活塞 5 前进，而有杆腔内的空气经其气口排入大气，使活塞杆 7 伸出。同样地，当从有杆腔气口输入压缩空气时，气压力克服无杆腔的反作用力及摩擦力，活塞杆 7 退回至初始位置。通过无杆腔和有杆腔交替进气和排气，活塞杆 7 伸出和退回，气缸实现往复直线运动。

由于该气缸缸盖上设有缓冲装置，所以它又被称为缓冲气缸。缓冲装置一般由缓冲节流阀 9、缓冲柱塞 6 和缓冲密封圈 3 等组成。当活塞 7 接近行程终点时，缓冲装置可以防止高速运动的活塞 7 撞击前缸盖 11 或后缸盖 1。常用的缓冲装置有气垫缓冲装置、橡胶缓冲垫和液压吸振器 3 种。

其他几种较为典型的特殊气缸有薄膜式气缸、薄型气缸和冲击气缸等。

薄膜式气缸是一种利用压缩空气通过膜片推动活塞杆做往复直线运动的气缸。它由缸体 1、膜片 2、膜盘 3 和活塞杆 4 等组成。其功能类似活塞式气缸的功能，它分为单作用式薄膜式气缸和双作用式薄膜式气缸两种，其结构原理图如图 8-10 所示。

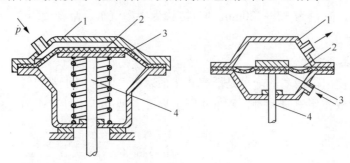

（a）单作用式薄膜式气缸的结构原理图　（b）双作用式薄膜式气缸的结构原理图

1—缸体　2—膜片　3—膜盘　4—活塞杆

图8-10　薄膜式气缸的结构原理图

其膜片有盘形膜片和平膜片两种。膜片材料为夹织橡胶、钢片或磷青铜片，金属膜片只用于小行程气缸中。常用的是夹织橡胶，其厚度为 5～6mm，有时为 1～3mm。与活塞式气缸相比较，薄膜式气缸结构紧凑、简单，制造容易，成本低，维修方便，泄漏小，使用寿命长，效率高。但因膜片变形量限制，行程一般不超过 40～50mm，且最大行程与缸径成正比，平膜片气缸最大行程大约是缸径的 15%，盘形膜片气缸最大行程大约是缸径的 25%。

薄型气缸结构紧凑，其轴向尺寸较普通气缸小，其结构原理图如图 8-11 所示。活塞 3 采用组合 O 形密封圈密封，有些前缸盖上设有空气缓冲机构，前缸盖 1 和后缸盖 6 与缸筒 4 之间采用弹性卡环 7 固定。薄型气缸可利用外壳安装面直接安装。薄型气缸行程较短，常用缸径为 10～100mm，行程为 50mm 以下。薄型气缸常用于固定夹具等。

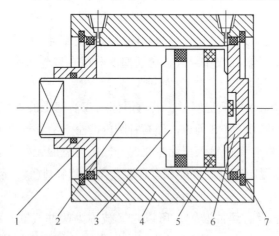

1—前缸盖　2—活塞杆　3—活塞　4—缸筒　5—磁环　6—后缸盖　7—弹性卡环

图8-11　薄型气缸的结构原理图

图 8-12 所示为冲击气缸的结构原理图，它是把压缩空气的能量转换为活塞高速运动的动能的一种气缸。活塞的最大速度可达十几米每秒，利用此动能去做功，可完成型材下料、打印、铆接、弯曲、冲孔、镦粗、破碎、模锻等多种作业。

冲击气缸由缸体 8、中盖 5、活塞 7 和活塞杆等组成。中盖 5 与缸体 8 固定在一起,它们和活塞 7 把冲击气缸分隔成 3 部分,即蓄能腔 3、活塞腔 2 和活塞杆腔 1,中盖 5 的中心开有一喷嘴口 4。当压缩空气刚进入蓄能腔 3 时,其压力只能通过喷嘴口 4 的小面积作用在活塞 7 上,还不能克服活塞杆腔 1 的排气压力所产生的向上的推力以及活塞 7 和缸体 8 间的摩擦阻力,喷嘴口 4 处于关闭状态。蓄能腔 3 中充气压力逐渐升高,当压力升高到作用在喷嘴口面积上的总推力能克服活塞杆腔 1 的排气压力与摩擦力总和时,活塞 7 向下移动,喷嘴口 4 开启,积聚在蓄能腔 3 中的压缩空气通过喷嘴口 4 突然作用

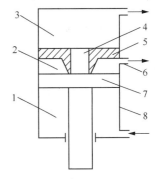

1—活塞杆腔 2—活塞腔 3—蓄能腔 4—喷嘴口
5—中盖 6—泄气口 7—活塞 8—缸体
图8-12 冲击气缸的结构原理图

在活塞 7 全部面积上,喷嘴口 4 处的气流速度可达声速。喷入活塞腔 2 的高速气流进一步膨胀,给予活塞 7 很大的向下的推力,而此时活塞杆腔 1 内的压力很低,于是活塞 7 在很大的压差作用下迅速加速,加速度可达 1000 mm/s^2 以上。活塞 7 在很短的时间(0.25~1.25 s)内,以极高的速度(平均冲击速度可高达 8 m/s)向下冲击,从而获得很大的动能。泄气口 6 的作用是在活塞 7 开始冲击之前,使活塞腔 2 的压力接近大气压力,当活塞开始冲击后应关闭泄气口 6,以免造成泄漏。

8.2.2 气马达

气马达也是气动执行元件的一种,它是把压缩空气的压力能转换为回转机械能的能量转换装置。它的作用相当于电机或液压马达的作用,即输出力矩,驱动工作机构做旋转运动。

1. 气马达的分类和特点

气马达按工作原理可分为透平式气马达和容积式气马达。透平式气马达一般通过喷嘴将压缩空气的压力能直接转换为工作机构的机械能。其优点为轻量化和体积小、输出轴转速高、可以通过改变喷嘴数目来调节输出功率;其缺点为在输出功率小的情况下效率低、逆转过程复杂,在工况急剧变化时效率会降低,低速时工作不稳定。透平式气马达多用于高速、恒负载工况。容积式气马达的工作原理和液压马达的相似,容积式气马达按结构形式不同可分为叶片式气马达、活塞式气马达、齿轮式气马达等,常见的是活塞式气马达和叶片式气马达。叶片式气马达制造简单、结构紧凑,但低速运动转矩小、低速性能不好,适用于中、低功率的机械,目前在矿山及风动工具中应用普遍。活塞式气马达在低速情况下有较大的输出功率,它的低速性能好,适用于负载较大和要求低速大转矩的机械,如起重机、绞车、绞盘、拉管机等。

容积式气马达与液压马达相比,有以下特点。

(1)可以长时间满载工作且温升较小。

(2)可以无级调速。控制进气流量,就能调节气马达的转速和输出功率。输出功率及转速范围大,输出功率可为几百瓦到几万瓦,转速可为每分钟几转到几万转。

（3）工作安全，适用于恶劣环境，可在易燃易爆场所使用，不受高温及振动影响。

（4）具有较高的启动转矩，可直接带负载启动。

（5）具有软特性，当工作压力不变时，它的转速、转矩及输出功率均随外加负载的变化而变化，而且工作压力的变化也可引起转速、转矩和输出功率的变化。

（6）结构简单、操作方便、换向迅速、升速快、冲击小、维修成本低。

（7）输出功率相对较小，最大只有 20kW 左右。

（8）耗气量大、效率低、噪声大。

2. 气马达的工作原理

常用的气马达有叶片式（又称滑片式）气马达、径向活塞式气马达和薄膜式气马达 3 种。

图 8-13（a）所示为叶片式气马达的工作原理图。压缩空气由 A 孔输入时分为两路：一路经定子两端密封盖的槽进入叶片底部（图中未表示出来），将叶片推出，叶片靠此气压推力及转子转动后离心力的综合作用而紧密地贴在定子内壁上；另一路经 A 孔进入相应的密封工作腔而作用在两个叶片上，由于两叶片伸出长度不等，因此产生转矩差，使叶片与转子按逆时针方向旋转。做功后的气体由定子上的 C 孔排出，剩余气体经 B 孔排出。若改变压缩空气输入方向，使压缩空气自 B 孔进入，由 A 孔和 C 孔排出，则可改变转子的转向。

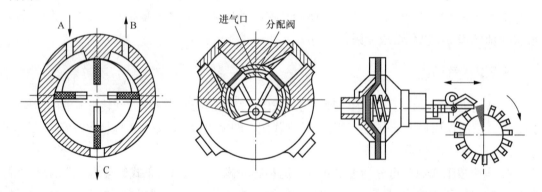

（a）叶片式气马达的工作原理图　　　（b）径向活塞式气马达的工作原理图　　　（c）薄膜式气马达的工作原理图

图8-13　气马达工作原理图

图 8-13（b）所示为径向活塞式气马达的工作原理图。压缩空气经进气口进入分配阀（又称配气阀）后再进入气缸，推动活塞及连杆运动，再使曲轴旋转。在曲轴旋转时，固定在曲轴上的分配阀同步转动，使压缩空气随着分配阀角度、位置的改变而进入不同的气缸内，依次推动各个活塞及连杆运动，并由各活塞及连杆带动曲轴连续旋转，与进气缸相对应的气缸则处于排气状态。

图 8-13（c）是薄膜式气马达的工作原理图。薄膜式气马达实际上是一个薄膜式气缸，当它做往复直线运动时，通过推杆端部的棘爪使棘轮转动。

8.2.3　真空元件

气动元件包括气源装置、气动执行元件、气动控制元件及气动辅助元件，可以在高于大气压力的气压下工作，这些元件组成的系统称为正压系统。而另有一类元件可以在低于大气压力的气压下工作，这类元件称为真空元件，其所组成的系统称为负压系统（真空系统）。

1. 真空发生器

以真空发生器为核心构成的真空系统适用于操作具有光滑表面的工件，特别是非金属制品且不适合夹紧的工件，如易碎的玻璃制品、柔软而薄的纸张、塑料及各种精密电子零件。真空系统目前在轻工、食品、印刷、医疗、塑料制品等多种行业中都有广泛的应用，如玻璃的搬运、装箱，机械手抓取工件，印刷机械中的纸张检测、运输，真空包装机械中包装纸的吸附、送标、贴标，包装袋的开启，精密电子零件的输送，塑料制品的真空成型，电子产品的加工、运输、装配等各种作业。

真空系统一般由真空发生装置（真空压力源）、真空吸盘（执行元件）、真空阀（控制元件，包括手动阀、机控阀、气控阀及电磁阀）及辅助元件（管接头、过滤器和消声器等）组成。有些元件在正压系统和负压系统中是可以通用的，如管接头、过滤器和消声器，以及部分控制元件。

真空发生装置有真空泵和真空发生器两种。真空泵是吸气口形成负压，排气口直接通大气，对容器进行抽气，以形成真空的机械设备。真空发生器是利用压缩空气通过喷嘴时的高速流动，在喷嘴处产生一定真空度的气动元件。由于采用真空发生器形成真空较容易，因此它的应用十分广泛。

图 8-14 所示为真空发生器的结构原理图和图形符号，该真空发生器由先收缩后扩张的喷嘴、扩散管、过滤片和吸附口等组成。压缩空气从输入口供给，在喷嘴两端压差高于一定值后，喷嘴射出超声速射流或近声速射流。在高速射流的卷吸作用下，扩散腔的空气被抽走，该腔形成真空。在吸附口接上真空吸盘，便可形成一定的吸力，吸起吸吊物。

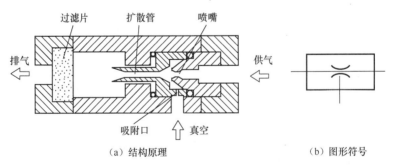

（a）结构原理　　　　　　　　　　　（b）图形符号

图8-14　真空发生器的结构原理图和图形符号

2. 真空吸盘

真空吸盘是真空系统中的执行元件，用于将表面光滑且平整的工件吸起并保持吸起状态，柔软又有弹性的吸盘能够确保不会损坏工件。

图 8-15 所示为常用真空吸盘的工作原理图和图形符号。通常，吸盘是由橡胶材料与金属骨架压制而成的。橡胶材料有丁腈橡胶、聚氨酯和硅橡胶等，其中硅橡胶吸盘适用于食品工业。图 8-15（b）所示为波纹形吸盘，其适应性更强，允许工件表面有轻微的不平、弯曲和倾斜，同时波纹形吸盘吸持工件在移动过程中有较好的缓冲性能。无论是圆形平吸

盘[见图 8-15（a）]，还是波纹形吸盘[见图 8-15（b）]，都是在大直径吸盘的结构上增加一个金属圆盘，用以增加强度及刚度。

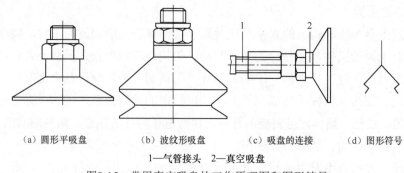

（a）圆形平吸盘   （b）波纹形吸盘 （c）吸盘的连接 （d）图形符号

1—气管接头 2—真空吸盘

图8-15 常用真空吸盘的工作原理图和图形符号

8.3 气动控制元件的认识

【问题引入】

在气压传动系统中，需要气动控制元件来控制、调节压缩空气的压力、流量、流动方向和发送信号。利用气动控制元件可以组成具有特定功能的控制回路，使气动系统实现预先设计的动作。请思考以下问题。

（1）气动控制元件有哪些？

（2）不同气动控制元件的结构与工作原理是怎样的？

气动控制元件

8.3.1 方向控制阀

方向控制阀是气动系统中通过改变压缩空气的流动方向和气流的通、断来控制气动执行元件的启、停及运动方向的气动控制元件。它是气动系统中应用广泛、种类繁多的一种气动控制元件。

按气流在方向控制阀内的流动方向，方向控制阀可分为换向型方向控制阀和单向型方向控制阀两种。

按阀芯工作位置和通路，方向阀控制可分为二位三通方向控制阀、二位五通方向控制阀、三位四通方向控制阀、三位五通方向控制阀等。

按阀芯的结构形式，方向控制阀可分为滑阀式方向控制阀、截止式方向控制阀、旋塞式方向控制阀等。

按方向控制阀的控制方式，方向控制阀可分为气压控制方向控制阀、电磁控制方向控制阀、机械控制方向控制阀、人力控制方向控制阀、时间控制方向控制阀等。

下面介绍几种常见的方向控制阀。

1. 单向阀

单向阀是使气流只能朝一个方向流动而不能反向流动的气动阀。图 8-16 所示为单向阀的工作原理图和图形符号。当 A 腔压力高于 P 腔时，在气压力和弹簧力的作用下阀芯紧靠阀体，借助端面软质密封材料切断 A→P 通路，不允许气流通过。当 P 腔压力高于 A 腔压力时，气压力克服弹簧力，阀芯左移打开 P→A 通路，气流可由 P 腔流向 A 腔。由于采用软质密封，因此其泄漏量几乎为零，而截止式单向阀阀芯又使其只要有管道直径四分之一的开启量便可使阀门全开。这也正是截止式软质密封阀的优点，即零泄漏，且其对气源过滤精度要求不高，小行程便可全开。

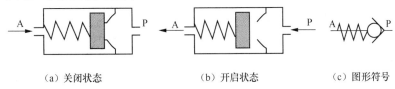

（a）关闭状态　　　　　（b）开启状态　　　　　（c）图形符号

图8-16　单向阀的工作原理图和图形符号

2. 梭阀

梭阀相当于共用一个阀芯而无弹簧的两个单向阀的组合，其作用相当于逻辑"或"，在气压传动系统中应用很广泛。图 8-17 所示为梭阀的工作原理图和图形符号。梭阀有两个进气口 P_1 和 P_2、一个工作口 A，其阀芯在两个方向上起单向阀的作用。其中进气口 P_1 和进气口 P_2 都可与工作口 A 相通，但进气口 P_1 与进气口 P_2 不相通。当进气口 P_1 进气时，阀芯右移，封住进气口 P_2，使进气口 P_1 与工作口 A 相通，工作口 A 排气，如图 8-17（a）所示。当进气口 P_2 进气时，阀芯左移，封住进气口 P_1，使进气口 P_2 与工作口 A 相通，工作口 A 也排气，如图 8-17（b）所示。当进气口 P_1 与进气口 P_2 都进气时，阀芯可能停在任意一边，这主要由压力加入的先后顺序和压力的大小决定。若进气口 P_1 与进气口 P_2 的压力不等，则高压口的通道打开，低压口被封闭，高压气流从工作口 A 输出。梭阀的应用很广，多用于手动与自动控制的并联回路中。

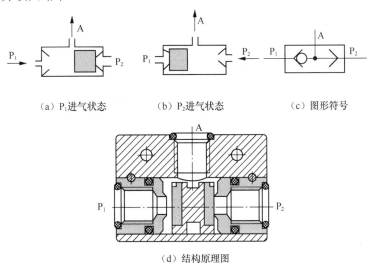

（a）P_1进气状态　　　（b）P_2进气状态　　　（c）图形符号

（d）结构原理图

图8-17　梭阀的工作原理图和图形符号

3. 快速排气阀

快速排气阀简称快排阀，其安装在气缸和换向阀之间，作用是当气缸换向排气时可以使气体不经换向阀而快速排出，从而缩短工作周期。图 8-18 所示为快速排气阀的工作原理图和图形符号。当压缩空气进入气口 P 后密封膜片向上移动，封死气口 O，压缩空气经膜片圆周小孔通至气口 A。当气口 P 无压力后，在气口 A 和气口 P 压差的作用下，密封膜片迅速下移，封住气口 P，气体经气口 O 排出。需要注意的是要将其图形符号与梭阀的区分开来。

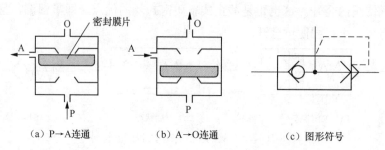

（a）P→A连通　　　　　（b）A→O连通　　　　　（c）图形符号

图8-18　快速排气阀的工作原理图和图形符号

4. 气压控制换向阀

气压控制换向阀是利用气体压力来获得轴向力，使主阀芯迅速移动，从而改变气体流动方向的一种控制阀。它是靠气压力使阀芯移动的，控制压力由外部供给。这种控制方式能够在易燃、易爆、潮湿、高尘等恶劣条件下正常工作。

图 8-19 所示为气压控制换向阀的工作原理图和图形符号。图 8-19（a）所示为无气控信号 K 时的状态（即常态），此时，阀芯 1 在弹簧 2 的作用下处于上端位置，使气口 A 与气口 O 相通，气口 O 排气。图 8-19（b）所示为有气控信号 K 时的状态（即动力阀状态），在气压力的作用下，阀芯 1 压缩弹簧 2 并下移，使气口 A 与气口 O 断开，气口 P 与气口 A 接通，气口 A 有气体输出。

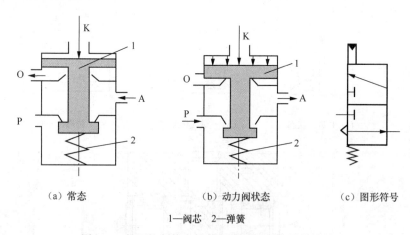

（a）常态　　　　　　　（b）动力阀状态　　　　　（c）图形符号

1—阀芯　2—弹簧

图8-19　气压控制换向阀的工作原理图和图形符号

5. 电磁控制换向阀

气压传动中的电磁控制换向阀与液压传动中的电磁换向阀一样，也由电磁铁控制部分和主阀两部分组成。电磁控制换向阀是利用电磁力来获得轴向力使阀芯迅速移动，从而改变气体流动方向的一种控制阀。

图 8-20 所示为直动式单电控电磁换向阀的工作原理图和图形符号。励磁线圈不通电时，

阀芯 2 在复位弹簧的作用下处于上端位置[见图 8-20（a）]，气口 A 与气口 T 相通，气口 A 进气。励磁线圈通电时，电磁铁 1 推动阀芯 2 向下移动，气口 P 与气口 A 相通，气口 A 排气[见图 8-20（b）]。因无信号时气口 P 与气口 A 不相通，故直动式单电控电磁换向阀为常断式阀，如气口 P 与气口 T 互换则为常通式阀。

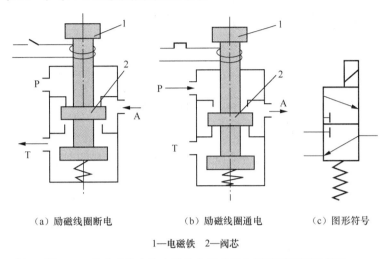

（a）励磁线圈断电　　　　（b）励磁线圈通电　　　　（c）图形符号

1—电磁铁　2—阀芯

图8-20　直动式单电控电磁换向阀的工作原理图和图形符号

8.3.2　压力控制阀

气动系统中的压力控制阀与液压系统中的压力控制阀类似，主要有减压阀、顺序阀和溢流阀（安全阀）等几种。但气动系统不同于液压系统，液压系统通常是利用溢流阀或恒压装置来保证液压源输出压力恒定的，而在气动系统中，一般来说由空压机先将空气压缩，储存在储气罐内，然后经管路输送给各个气动元件使用。而储气罐的压力往往比各个气动元件实际所需要的压力高些，同时其压力波动较大，因此需要用减压阀（调压阀）将其压力减到每个气动元件所需的压力，并使减压后的压力稳定在所需压力上。另外有些气动回路需要依靠回路中的压力变化控制两个气动执行元件的顺序动作，所用的就是顺序阀。顺序阀与单向阀的组合称为单向顺序阀。为了安全起见，所有的气动回路或储气罐，当压力超过最大允许压力时，需要实现自动向外排气，这种压力控制阀称为安全阀（溢流阀）。

1. 溢流阀

气动系统中的溢流阀通常是用作安全阀的，即当储气罐或气动回路中压力超过某气动元件的调定压力时，要用安全阀向外放气，安全阀在系统中起过载保护作用。当气动回路中仅靠减压阀的溢流孔排气难以保持气动执行元件的工作压力时，也可并联一安全阀用作溢流阀。溢流阀的工作原理图和图形符号如图 8-21 所示。

2. 减压阀

减压阀又称调压阀，它的作用是降低来自空压机的压力，以满足每个气动元件的需求，并使压力保持稳定。按其调节压力方式的不同，减压阀有直动式减压阀和先导式减压阀两种。

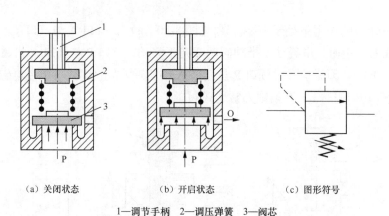

（a）关闭状态　　　　　　（b）开启状态　　　　　　（c）图形符号

1—调节手柄　2—调压弹簧　3—阀芯

图8-21　溢流阀的结构原理图和图形符号

图 8-22 所示为 QTY 型直动式溢流减压阀的结构原理图和图形符号。其工作原理是：当 QTY 型直动式溢流减压阀处于工作状态时，调节手柄 1，压缩调压弹簧 2、调压弹簧 3 及膜片 5，阀杆 6 使阀芯 9 下移，进气口被打开，有压气流从左端输入，经节流、减压后从右端输出。输出气流的一部分由阻尼孔 7 进入膜片气室，在膜片 5 的下方产生一个向上的推力，这个推力总是企图减小 QTY 型直动式溢流减压阀的开度，使其输出压力下降。当输入压力发生波动时，如输入压力瞬间升高，输出压力随之升高，作用于膜片 5 上的气体推力也随之增大，破坏原来的力的平衡，使膜片 5 向上移动，有少量气体经溢流口 4、排气孔 11 排出。在膜片 5 上移的同时，在复位弹簧 10 的作用下，输出压力下降，直到新的力的平衡出现，重新平衡后的输出压力基本恢复至原值。调节手柄 1 使调压弹簧 2、调压弹簧 3 恢复自由状态，输出压力降至零，阀芯 9 在复位弹簧 10 的作用下关闭进气口。这样，QTY 型直动式溢流减压阀便处于截止状态，无气流输出。

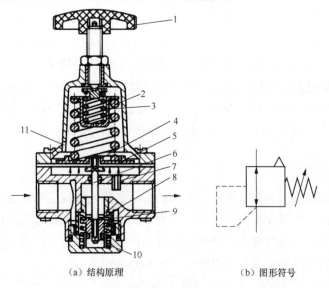

（a）结构原理　　　　　　　　　（b）图形符号

1—手柄　2、3—调压弹簧　4—溢流口　5—膜片　6—阀杆

7—阻尼孔　8—阀座　9—阀芯　10—复位弹簧　11—排气孔

图8-22　QTY型直动式溢流减压阀的结构原理图和图形符号

3. 顺序阀

顺序阀是当入口压力或先导压力达到调定压力时，便允许气流从入口侧向出口侧流动的压力控制阀。其作用是依靠气动回路中压力的大小来控制气动执行元件按顺序动作。顺序阀常与单向阀并联组合成一体，称为单向顺序阀。

图 8-23 所示为单向顺序阀的工作原理图和图形符号，当压缩空气由气口 P 进入左腔 4 后[见图 8-23（a）]，作用在活塞 3 上的力小于弹簧 2 的力时，单向顺序阀处于关闭状态。而当作用于活塞 3 上的力大于弹簧力时，活塞 3 被顶起，压缩空气经左腔 4 流入腔 5 由气口 A 流出，然后进入其他气动控制元件或气动执行元件，此时单向阀 6 关闭。当切换气源时[见图 8-23（b）]，左腔 4 压力迅速下降，顺序阀关闭，此时右腔 5 压力高于左腔 4 压力，在压差作用下，单向阀 6 打开，压缩空气由右腔 5 经单向阀 6 流入左腔 4 向外排出。

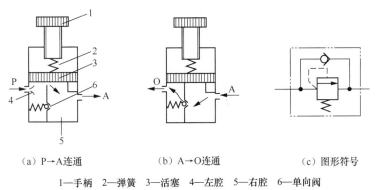

（a）P→A连通　　　　　（b）A→O连通　　　　　（c）图形符号

1—手柄　2—弹簧　3—活塞　4—左腔　5—右腔　6—单向阀

图8-23　单向顺序阀的工作原理图及图形符号

8.3.3　流量控制阀

在气动系统中，气缸的运动速度、换向阀的切换时间和气动信号的传递速度等，都需要通过调节压缩空气的流量来实现。

通过改变阀口的通流面积来控制压缩空气流量的元件称为流量控制阀。流量控制阀主要有节流阀、单向节流阀和排气节流阀等。

1. 节流阀

气动系统中的节流阀的工作原理与液压系统中的节流阀工作原理一样，都是通过改变通流面积来调节流量的大小的。图 8-24 所示为圆柱斜切型节流阀的结构原理图和图形符号。压缩空气由气口 P 流入，经过节流后，从气口 A 流出。旋转阀芯螺杆，就可改变节流口的开度，进而调节压缩空气的流量。由于这种节流阀的结构简单、体积小，故应用范围较广。

2. 单向节流阀

单向节流阀是由单向阀和节流阀并联组合而成的组合式流量控制阀。图 8-25 所示为单向节流阀的工作原理图和图形符号。当压缩空气正向流动（从气口 P 流向气口 A）时，单向阀 1 在弹簧和气压的作用下处于关闭状态，气流经节流阀 2 节流后自气口 A 流出。而当气流反向流动（从气口 A 流向气口 P）时，单向阀 1 被推开，不起节流作用，大部分气体将从阻力小、通流面积大的单向阀 1 流过，少量气体从节流阀 2 流过，气体汇集后由气口 P 流出。

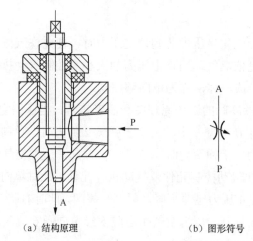

（a）结构原理　　　　　（b）图形符号

图8-24　圆柱斜切型节流阀的结构原理图和图形符号

单向节流阀常用于控制气缸的运动速度，或用于延时环节和缓冲机构等。

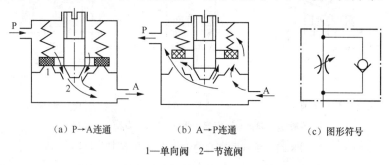

（a）P→A连通　　　　（b）A→P连通　　　（c）图形符号

1—单向阀　2—节流阀

图8-25　单向节流阀的工作原理图和图形符号

3. 排气节流阀

排气节流阀是安装在气动执行元件的排气口处，用来调节排入大气中气体流量的一种流量控制阀。它不仅能调节气动执行元件的运动速度，还能起到减小排气噪声的作用。

图8-26（a）所示为带消声器的排气节流阀的实物，消声器的选择主要依据排气口直径的大小及噪声的频率范围。其结构原理如图8-26（b）所示，它和节流阀一样，也是靠调节通流面积来调节流量的。由于节流口后有消声器件，所以它必须安装在执行元件排气口处。调节排入大气中的流量，这样排气节流阀不仅能调节执行元件的运动速度，还可以起降低排气噪声的作用。气流从 A 口进入阀内，由节流口 1 节流后，经由消声材料制成的消声套2 排出。调节手轮 3，即可调节通过的流量。图 8-26（c）所示为排气节流阀的图形符号。

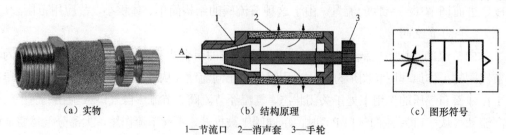

（a）实物　　　　　　（b）结构原理　　　　　　（c）图形符号

1—节流口　2—消声套　3—手轮

图8-26　排气节流阀实物、结构原理及图形符号

项目技能训练

技能训练 14：气动元件的识别

本项目包括 1 个技能训练，详见随书提供的技能训练手册。

项目拓展与自测

【拓展作业】

1．用压缩空气驱动一个双作用气缸。已知活塞直径为 63mm，活塞杆直径为 20mm，工作压力 $p=0.6MPa$，行程 $h=500mm$。

（1）活塞杆伸出时的输出力和返回时的输出力各是多少？

（2）气缸完成一个伸出行程和一个返回行程需要多少压缩空气？

（3）如果气缸每分钟完成 12 个往返行程，则它每小时所消耗的压缩空气的成本是多少？（每立方米工程标准状态的压缩空气以 0.5 元计算。）

2．说明图 8-27 中的换向阀分别是几位几通换向阀。

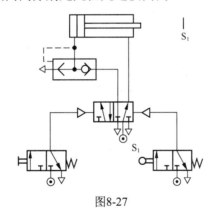

图8-27

【线上自测】

判断题

1．由空压机产生的压缩空气一般可直接用于气动系统。（　　　）

2．气缸按作用方式不同可分为单作用气缸和双作用气缸两种。（　　　）

3．快速排气阀属于方向控制阀。（　　　）

4．溢流阀通常用于安全保护。（　　　）

5．排气节流阀属于流量控制阀。（　　　）

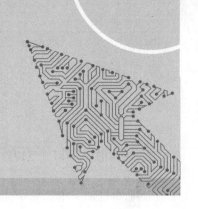

09

▷▷ 项目9 ◁◁
气动回路的分析与装调

●●● 项目信息 ●●●

【项目概述】

　　气压传动系统在工作时，各元件按设计要求完成规定动作，是通过对气动执行元件的运动方向、运动速度和压力的控制和调节来实现的。在现代工业中，气压传动系统为了实现所需功能有着多种构成形式。但无论多么复杂的系统，都由一些基本的、常用的回路组成，而所有回路又都由气动元件按照特定的方式组成。

【项目目标】

　　本项目的目标包括：①熟悉常用气动回路的组成与功能；②熟练进行常用气动回路的组装与调试；③提高团队合作能力和沟通能力；④树立安全意识和环保意识。

●●● 项目知识学习 ●●●

9.1　基本回路的分析

【问题引入】

　　气动系统与液压系统一样，无论多么复杂，都是由一些基本回路组成的。为满足实际工作需求和系统的各种技术要求，完成各种功能，设计时应合理地选择各种气动元件，并巧妙地将它们组合以构成气动回路。在气动回路的实际应用中，应根据其基本工作原理和系统的设计要求加以适当的改造，以构成实用、可靠、经济、合理的气动回路。那么，有哪些典型的气动回路呢？

9.1.1　压力控制回路

　　为调节和控制系统的压力经常采用压力控制回路，此外为增大气缸活塞杆输出力，经常采用压力控制回路。压力控制回路不仅是维持系统正常工作所必需的，而且关系到系统工作的安全性、经济性和可靠性等。

1. 一般压力回路

图 9-1 所示为一般压力回路，其利用减压阀来实现对气动系统气源的压力控制。为了使系统正常工作，保持稳定的性能，以及达到安全、可靠、节能等目的，需要对系统的压力进行控制。

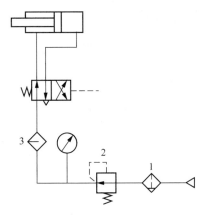

1—过滤器　2—减压阀　3—油雾器

图9-1　一般压力回路

2. 高低压控制回路

高低压控制回路采用多个减压阀，实现多个压力同时输出。图 9-2 所示的高低压控制回路同时输出高、低两个压力，即 p_1 和 p_2。

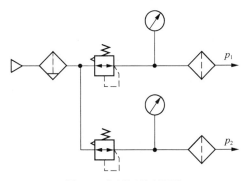

图9-2　高低压控制回路

3. 多级压力控制回路

图 9-3 是利用换向阀和减压阀实现多级压力控制回路。在某些平衡系统中，需要根据工件自身重力的不同提供多种平衡压力，这时就需要用到多级压力控制回路。图 9-3 所示为一种采用远程调压阀 2 的多级压力控制回路。在该回路中，先导式减压阀 1 的先导压力通过二位三通电磁换向阀 3 的切换来控制，可根据需求设定低、中和高 3 种先导压力。在进行压力切换时，必须用二位三通电磁换向阀 3 将先导压力卸压，再选择新的先导压力。

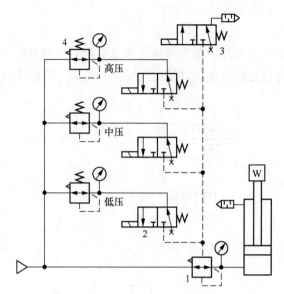

1—先导式减压阀　2、3—二位三通电磁换向阀　4—远程调压阀

图9-3　多级压力控制回路

4．过载保护回路

图 9-4 所示为过载保护回路，其正常工作时，二位三通电磁换向阀 1 的电磁铁通电，使二位四通换向阀 2 换向，气缸的活塞杆外伸。如果在活塞杆受压的方向发生过载，则顺序阀 4 动作，二位三通换向阀 3 切换工作位置，二位四通换向阀 2 的控制气体排出，在弹簧力的作用下切换至图 9-4 所示的工作位置，使活塞杆缩回。

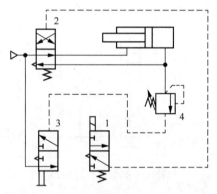

1—二位三通电磁换向阀　2—二位四通换向阀　3—二位三通换向阀　4—顺序阀

图9-4　过载保护回路

5．增压回路

一般的气动系统工作压力为 0.7 MPa 以下，但在某些场合，由于气缸尺寸等的限制，局部需要高压。图 9-5 所示为增压回路，压缩空气经二位四通电磁换向阀 1 进入增压缸 2 或增压缸 3 的大活塞腔，推动活塞杆把小活塞腔的液压油压入液压缸 5，使活塞在高压下运动。其增压比为大活塞与小活塞有效工作面积之比。节流阀 4 用于调节液压缸 5 的运动速度。

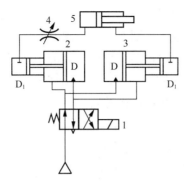

1—二位四通电磁换向阀　2、3—增压缸　4—节流阀　5—液压缸

图9-5　增压回路

9.1.2　方向控制回路

以方向控制阀为主要元件，完成气动系统某些特定功能的气动回路称为换向回路。

1. 单控换向回路

图 9-6 所示为单控换向回路，其利用一个二位三通换向阀实现单活塞杆单作用气缸的活塞杆的伸出与缩回，当给二位三通换向阀发送控制信号后，活塞杆伸出；控制信号消失后活塞杆则在复位弹簧的作用下迅速退回。

2. 双控换向回路

图 9-7 所示为双控换向回路，控制阀为双控形式，既可用二

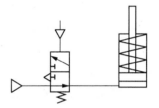

图9-6　单控换向回路

位阀，也可用三位阀，控制方式可以是气控、电控、机控或手控。图 9-7（a）中的二位五通换向阀具有记忆功能，所以气缸的换向完全由控制信号来控制。图 9-7（b）所示的回路通过三位五通换向阀控制气缸活塞杆的伸出与缩回，电磁铁失电后三位五通换向阀复位，可使气缸活塞杆停留在行程中任意位置，但定位精度不高，且定位时间不太长。

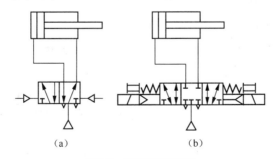

（a）　　　　　　　　　　　（b）

图9-7　双控换向回路

9.1.3　速度控制回路

气动系统一般都是小功率系统，其速度控制回路主要是采用节流阀的节流调速回路，常用排气节流调速。

1. 单作用气缸速度控制回路

图 9-8 所示为单作用气缸速度控制回路。在图 9-8（a）所示的回路中，气缸活塞杆的伸出和缩回均通过单向节流阀调速，两个反向安装的单向节流阀可分别控制活塞杆的伸出及缩回速度。在图 9-8（b）所示的回路中，气缸活塞杆伸出时可调速，气缸活塞杆缩回时则通过快速排气阀排气使气缸活塞杆快速返回。

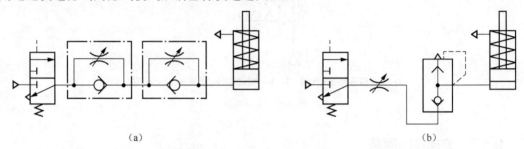

（a）   （b）

图9-8　单作用气缸速度控制回路

2. 双作用气缸速度控制回路

图 9-9 所示为双作用气缸速度控制回路，气缸工作时经单向阀进气，气缸的另一腔则经节流阀排气，在排气节流时，排气腔内可以建立与负载相适应的背压，在负载保持不变或微小变动的条件下，运动比较平稳，调节节流阀的开度即可调节气缸活塞杆往复运动的速度。

3. 缓冲回路

要使气缸行程末端具有缓冲作用，除采用带缓冲功能的气缸外，特别是在行程长、速度快、惯性大的情况下，往往需要采用缓冲回路来满足调节气缸活塞运动速度的需求。如图 9-10 所示，当活塞右移时，气缸右腔气体经二位二通机动换向阀和三位五通换向阀排出；接近行程终点时，二位二通机动换向阀被压下，气缸右腔气体经节流阀和三位五通换向阀排出，节流阀的调节作用使气缸活塞运动速度减慢，即对活塞运动进行缓冲。

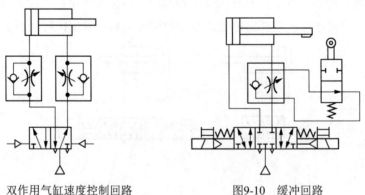

图9-9　双作用气缸速度控制回路　　　　图9-10　缓冲回路

4. 速度换接回路

图 9-11 所示为由两个二位二通换向阀与单向节流阀并联组成的速度换接回路，当挡块压下行程开关时，发出电信号，使二位二通换向阀换向，改变排气通路，从而使气缸活塞运动速度改变。行程开关的位置可根据需要确定。图 9-11 中的二位二通换向阀也可改用行程阀。

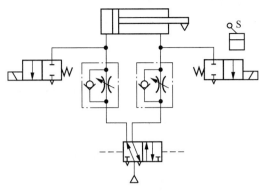

图9-11　速度换接回路

9.2　特殊回路的分析

【问题引入】

　　在实际的工程及工业应用中，除了前述与液压传动类似的基本回路以外，气压传动还需要一些能够实现特殊功能的回路，比如安全保护回路、往复动作回路、延时回路和计数回路等。请思考以下问题。

　　（1）安全保护回路的工作原理是怎样的？

　　（2）往复动作回路的工作原理是怎样的？

　　（3）延时回路的工作原理是怎样的？

　　（4）计数回路的工作原理是怎样的？

9.2.1　安全保护回路

　　在气压传动系统中，为防止操作不当或其他意外事故导致设备损坏，同时保证操作人员安全，常常要设置安全保护回路。

　　1. 双阀自锁回路

　　图 9-12 所示为双阀自锁回路，按下二位二通换向阀 1 的按钮后主控阀（二位五通换向阀）右位工作，气缸的活塞杆伸出，如果此时松开二位二通换向阀 1 的按钮，主控阀右端的控制压力并不会立即卸压，仍然维持原有工作状态不变，只有将二位二通换向阀 2 的按钮按下后，主控阀才会复位到左位工作，活塞杆这时才会向右退回。双阀自锁回路可以应用在冲床与锻压机床上，对操作人员起保护作用。

　　2. 过载保护回路

　　图 9-13 所示为过载保护回路，当气缸活塞

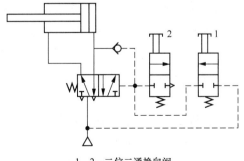

1、2—二位二通换向阀

图9-12　双阀自锁回路

杆向右运动遇到障碍或其他因素造成气缸过载时，气缸左腔压力升高，如果超过顺序阀 3 的调定压力，则顺序阀 3 开启，二位二通换向阀 4 上位工作，这样二位二通换向阀 1、2 同时失压复位，气缸活塞杆返回。

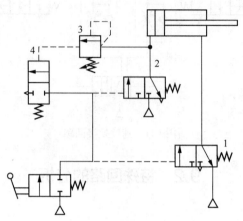

1、2—二位三通换向阀　3—顺序阀　4—二位二通换向阀

图9-13　过载保护回路

9.2.2　往复动作回路

气动系统中采用往复动作回路，可提高自动化程度。常用的往复动作回路有单往复动作回路和连续往复动作回路两种。

1. 单往复动作回路

图 9-14 所示为 3 种单往复动作回路，其中图 9-14（a）所示为行程阀控制的单往复动作回路，当按下二位三通行程换向阀 1 的按钮后，压缩空气使二位四通换向阀 3 切换至左位，活塞杆伸出（前进）。当活塞杆上的挡块碰到二位三通行程换向阀 2 时，二位四通换向阀 3 又切换到右位，活塞就返回。

图 9-14（b）所示为压力控制的单往复动作回路。当按下二位三通行程换向阀 1 的按钮后，二位四通换向阀 3 切换至左位，这时压缩空气进入气缸的无杆腔，使活塞杆伸出（右行），同时气压作用在顺序阀 4 上，当活塞到达终点后，无杆腔压力升高并打开顺序阀 4，使二位四通换向阀 3 又切换至右位，活塞杆缩回（左行）。

图 9-14（c）所示为利用阻容回路形成的时间控制单往复动作回路。当按下二位三通行程换向阀 1 的按钮后，二位四通换向阀 3 切换到左位，气缸活塞杆伸出，当压下二位三通行程换向阀 2 后，需经过一定的时间，二位四通换向阀 3 才能切换到右位，然后活塞杆缩回。

由以上可知，在单往复动作回路中，每按下一次按钮，气缸就完成一次往复动作。

2. 连续往复动作回路

图 9-15 所示为连续往复动作回路，它能完成连续的动作循环。当按下二位三通换向阀 1 的按钮后，二位五通换向阀 4 换向，活塞向右运动。这时，由于二位二通行程换向阀 3

复位而将气路封闭，使二位五通换向阀 4 不能复位，活塞继续前进。到行程终点压下二位二通行程换向阀 2 的按钮，使二位五通换向阀 4 控制气路排气，在弹簧的作用下二位五通换向阀 4 复位，气缸返回，在终点压下二位二通行程换向阀 3 的按钮，在控制压力下二位五通换向阀 4 又切换至左位，活塞再次前进。就这样连续往复，只有当提起二位三通换向阀 1 的按钮后，二位五通换向阀 4 复位，活塞返回才能停止运动。

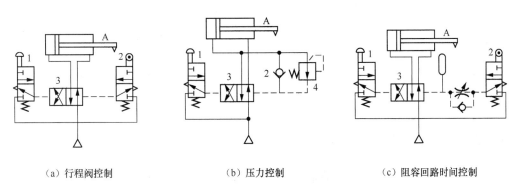

（a）行程阀控制　　　　　　（b）压力控制　　　　　　（c）阻容回路时间控制

1、2—二位三通行程换向阀　3—二位四通换向阀　4—顺序阀

图9-14　单往复动作回路

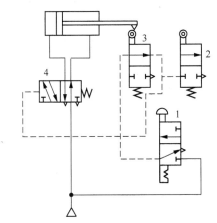

1—二位三通换向阀　　2、3—二位二通行程换向阀　　4—二位五通换向阀

图9-15　连续往复动作回路

9.2.3　延时回路

图 9-16 所示为延时回路。图 9-16（a）所示为延时输出回路，当控制信号切换二位三通换向阀 4 后，压缩空气经单向节流阀 3 向气容元件 2 充气。当充气压力经过延时升高使二位三通换向阀 1 换位时，二位三通换向阀 1 就有输出。图 9-16（b）所示为延时接通回路，按下二位三通换向阀 8 的按钮后，气缸向外伸出，当气缸在伸出行程中压下二位三通行程换向阀 5 后，压缩空气经节流阀到气容元件 6，延时后才将二位五通换向阀 7 换到右位工作，气缸退回。

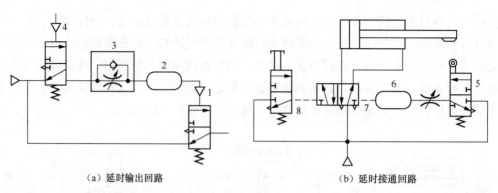

（a）延时输出回路 　　　　　　　　　　　　（b）延时接通回路

1、4、8—二位三通换向阀　2、6—气容元件　3—单向节流阀　5—二位三通行程换向阀　7—二位五通换向阀

图9-16　延时回路

9.2.4　计数回路

在图9-17中，二位四通换向阀4的换向位置取决于二位四通换向阀2的位置，而二位四通换向阀2的换位又取决于二位三通换向阀3和5。如图9-17所示，若按下二位三通换向阀1，气信号经二位四通换向阀2至二位四通换向阀4的左端使二位四通换向阀4换至左位，同时使二位三通换向阀5切断气路，此时气缸活塞杆伸出；当二位三通换向阀1复位后，原通入二位四通换向阀4左端的气信号经二位三通换向阀1排空，二位三通换向阀5复位，于是气缸无杆腔的气体经二位三通换向阀5至二位四通换向阀2左端，使二位四通换向阀2换至左位等待二位三通换向阀1的下一次信号输入。当二位三通换向阀1第二次按下后，气信号经二位四通换向阀2的左位至二位四通换向阀4右端使二位四通换向阀4换至右位，气缸活塞杆退回，同时二位三通换向阀3将气路切断。待二位三通换向阀1复位后，二位四通换向阀4右端信号经二位四通换向阀2、二位三通换向阀1排空，二位三通换向阀3复位并将气流导至二位四通换向阀2右端使其换至右位，又等待二位三通换向阀1下一次信号输入。这样，第1、3、5、…次（奇数次）按下二位三通换向阀1，则气缸活塞杆伸出；第2、4、6、…次（偶数次）按下二位三通换向阀1，则气缸活塞杆退回。计数回路可组成二进制计数器，其功能等同于一个计数触发器。

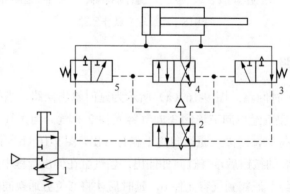

1、3、5—二位三通换向阀　2、4—二位四通换向阀

图9-17　计数回路

••• 项目技能训练 •••

技能训练 15：气动方向控制回路的装调

技能训练 16：气动压力控制回路的装调

技能训练 17：气动速度控制回路的装调

技能训练 18：气动往复动作回路的装调

技能训练 19：气动顺序动作回路的装调

本项目包括 5 个技能训练，详见随书提供的技能训练手册。

••• 项目拓展与自测 •••

【拓展作业】

1. 设计能完成"快进-工进-快退"自动工作循环的气动回路。

2. 分析图 9-18 所示的气动回路的工作过程。

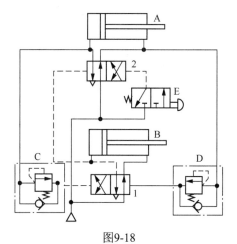

图9-18

【线上自测】

1. 图9-19中的三位五通换向阀中位工作时，气缸活塞杆（　　）。

　　A．向左移动　　　　　　B．向右移动　　　　　　C．静止不动

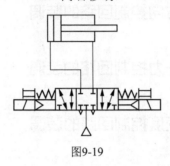

图9-19

2. 在图9-20所示的连续往复动作回路中，按下二位三通换向阀1的按钮，气体经（　　）到达二位五通换向阀4左端控制口。

　　A．二位三通换向阀1（上位）→二位二通换向阀3（下位）

　　B．二位三通换向阀1（下位）→二位二通换向阀3（上位）

　　C．二位三通换向阀1（上位）→二位二通换向阀3（上位）

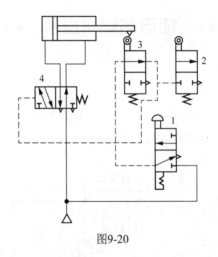

图9-20

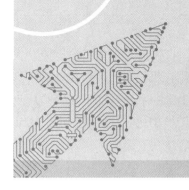

●●● **项目信息** ●●●

【项目概述】

    气动技术是实现工业生产机械化、自动化的方式之一，由于气动系统本身所具有的独特优点，及可以在高温、振动、腐蚀、易燃、易爆、多尘埃、强磁、辐射等恶劣环境下工作，所以其应用日益广泛。不同的气动系统由不同的回路组成，可以完成不同的功能。

【项目目标】

    本项目的目标包括：①掌握阅读气动系统图的一般步骤和方法；②加深对气动元件的认识；③熟练分析较复杂的气动系统；④会组装和调试较复杂气动系统；⑤树立安全意识和环保意识；⑥增强专业认同度，培养工匠精神。

●●● **项目知识学习** ●●●

10.1 机械手气动系统的分析

【问题引入】

    机械手是自动生产设备和生产线上的重要装置之一，它可以根据各种自动化设备的工作需要，模拟人手的部分动作，按照预定的控制程序、轨迹和工艺要求实现自动抓取、搬运，完成工件的上料、卸料和自动换刀。因此，在机械加工、冲压、锻造、铸造、装配和热处理等生产过程中应用较广泛，可减轻工人的劳动强度。气动机械手是机械手的一种，它具有结构简单，重量轻，动作迅速、平稳、可靠，节能和不污染环境等优点。

    请思考：它是如何实现上述这些功能的，又具有什么样的特点呢？

    图 10-1 所示为气动机械手的工作原理图。它由真空吸盘 A、水平气缸 B、垂直气缸 C、立柱回转气缸 D、齿轮齿条副及小车等组成。立柱回转气缸 D 为齿轮齿条气缸，它有两个

活塞，分别装在带齿条的活塞杆两端，齿条的往复运动带动垂直气缸 C 上的齿轮旋转，从而实现垂直气缸 C 及水平气缸 B 的回转。气动机械手一般可用在机修车间装卸轻质工件和薄片工件，按要求完成的工作循环为：垂直气缸 C（立柱）上升→水平气缸 B（手臂）伸出→立柱回转机构顺时针旋转→真空吸盘吸取工件→立柱回转机构逆时针旋转→水平气缸 B 缩回→垂直气缸 C 下降。

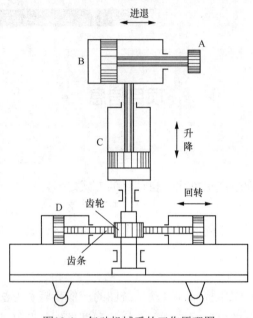

图10-1　气动机械手的工作原理图

图 10-2 所示为机械手气压传动系统原理图。水平气缸 B、垂直气缸 C、立柱回转气缸 D 分别与三位四通电磁换向阀 1、2、3 和单向节流阀 4、5、6、7 组成换向、调速回路。各气缸的行程均由电气行程开关进行控制。

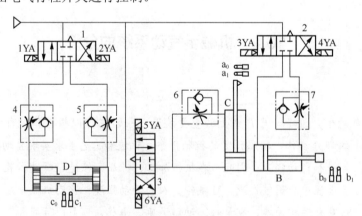

1、2、3—三位四通电磁换向阀　4、5、6、7—单向节流阀

图10-2　机械手气压传动系统原理图

气动机械手工作循环分析如下。

（1）垂直气缸 C 上升。按下启动按钮，电磁铁 5YA 通电，三位四通电磁换向阀 3 处于

上位，压缩空气进入垂直气缸 C 下腔，其活塞杆上升。

（2）水平气缸 B 伸出。当垂直气缸 C 活塞杆上的挡块碰到电气行程开关 a_0 时，电磁铁 5YA 断电，电磁铁 3YA 通电，三位四通电磁换向阀 2 处于左位，水平气缸 B 活塞杆伸出，带动真空吸盘进入工作点并吸取工件。

（3）立柱回转机构顺时针旋转。当水平气缸 B 活塞杆上的挡块碰到电气行程开关 b_1 时，电磁铁 3YA 断电，电磁铁 1YA 通电，三位四通电磁换向阀 1 处于左位，立柱回转机构顺时针旋转，使真空吸盘进入卸料点卸料。

（4）立柱回转机构逆时针旋转。当立柱回转气缸 D 活塞杆上的挡块碰到电气行程开关 c_1 时，电磁铁 1YA 断电，电磁铁 2YA 通电，三位四通电磁换向阀 1 处于右位，立柱回转机构气缸 D 复位。

（5）水平气缸 B 缩回。立柱回转气缸 D 复位，其上的挡块碰到电气行程开关 c_0 时，电磁铁 4YA 通电，电磁铁 2YA 断电，三位四通电磁换向阀 2 处于右位，水平气缸 B 活塞杆缩回。

（6）垂直气缸 C 下降。水平气缸 B 活塞杆缩回，其上的挡块碰到电气行程开关 b_0，电磁铁 4YA 断电，电磁铁 6YA 通电，三位四通电磁换向阀 3 处于下位，垂直气缸 C 活塞杆下降，到达原位时，碰到电气行程开关 a_1，使电磁铁 6YA 断电，至此完成一个工作循环。

如再按下启动按钮，可进行同样的工作循环。根据需要，只要改变电气行程开关的位置，调节单向节流阀的开度，即可改变各气缸的行程和其活塞杆运动速度。

10.2 计量装置气动系统的分析

【问题引入】

在工业自动化生产过程中，许多产品都是颗粒状或者粉状的，经常会碰到要对传送带上连续供给的颗粒状物料进行计量，并按一定质量分装的问题。请思考以下问题。

（1）计量装置气动系统是如何实现上述这些功能的？

（2）计量装置气动系统具有什么样的特点呢？

图 10-3 所示为气动计量装置的工作原理图，此装置以物料的质量进行定量，当计量箱中的物料质量达到设定值时，则暂停传送带上物料的供给，然后把计量好的物料卸到包装容器中。卸完物料后，计量箱返回初始位置，物料再次传送至计量箱中，开始下一次的计量。

该装置的工作过程如下：第一步是计量准备，气动计量装置在停止工作一段时间后，因压缩空气泄漏，计量气缸 A 活塞杆会在计量箱重力的作用下缩回，这样计量箱返回图 10-3 所示的初始位置；第二步是物料计量，随着物料落入计量箱中，计量箱中物料的质量不断增加，计量气缸 A 慢慢被压缩，物料的质量达到设定值时，止动气缸 B 活塞杆伸出，暂时停止物料的供给；第三步是卸料，计量气缸 A 换接高压气源后活塞杆伸出，推动计量箱倾斜从而卸掉物料，经过一段时间的延时后，计量气缸 A 活塞杆缩回，计量箱再次返回初始位置，为下次计量做好准备。

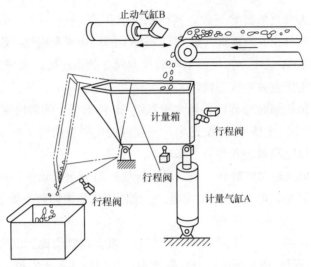

图10-3　气动计量装置的工作原理图

计量装置气动系统原理图如图 10-4 所示，计量气缸 A 与止动气缸 B 采用行程阀发信方式实现顺序动作控制，计量和倾倒物料都由计量气缸 A 完成，所以系统采用高低压控制回路，计量时用低压（0.3MPa），倾倒物料时用高压（0.6MPa）。物料质量设定值的大小可以通过调节减压阀 3 的调定压力或调节行程阀 13 的位置来进行调节。

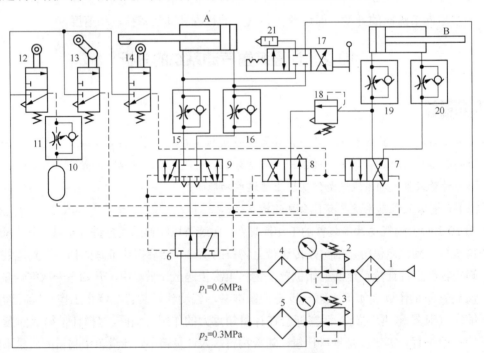

1—分水滤气器　2、3—减压阀　4、5—油雾器　6、7、8、9—气控换向阀　10—气容

11、15、16、19、20—单向节流阀　12、13、14—行程阀　17—三位四通手动换向阀　18—顺序阀　21—排气节流阀

图10-4　计量装置气动系统原理图

气动计量装置启动时，先进行计量前的准备。首先将三位四通手动换向阀 17 切换至左

位，从减压阀 2 输出的高压气体经三位四通手动换向阀 17 进入计量气缸 A 的无杆腔，活塞杆伸出带动计量箱上移。当计量箱侧面的挡块通过行程阀 13 时（杠杆滚轮式，为单向作用阀，此时阀芯不动作），再将三位四通手动换向阀 17 切换至右位，此时计量气缸 A 活塞杆带动计量箱以排气节流阀 21 调定的速度下降。当计量箱侧面的挡块下移切换行程阀 13 时，此时行程阀 13 发出的信号使二位四通气控换向阀 7 切换至右位，从减压阀 3 输出的低压气体经二位四通气控换向阀 7、单向节流阀 20 进入止动气缸 B 的有杆腔，使其活塞杆缩回。物料传送带正常送料。最后将三位四通手动换向阀 17 切换至中位，准备工作结束。

随着来自传送带的物料不断落入计量箱，计量箱中物料的质量逐渐增加，而此时计量气缸 A 的主控阀（即三位五通气控换向阀 9）处于中位，计量气缸 A 两腔封闭，计量气缸 A 内气体呈现等温压缩状态，活塞杆缓慢缩回。当所装物料质量达到设定值时，计量箱底部触发行程阀 14 而发出信号，使二位四通气控换向阀 7 切换至左位、二位四通气控换向阀 8 切换至右位，止动气缸 B 的活塞杆伸出，暂时停止物料供给。当止动气缸 B 的活塞杆到达行程终点后其无杆腔压力升高，达到顺序阀 18 的调定压力，于是减压阀 2 输出的高压气体经二位四通气控换向阀 7、二位四通气控换向阀 8 与顺序阀 18 到达三位五通气控换向阀 9 和二位三通气控换向阀 6（高低压切换阀）的左端，使它们均切换至左位，减压阀 2 输出的高压气体经二位三通气控换向阀 6、三位五通气控换向阀 9 与单向节流阀 15 到达计量气缸 A 的无杆腔，计量气缸 A 的活塞杆伸出使计量箱倾斜卸料。当计量气缸 A 的活塞杆到达终点碰到行程阀 12 时，行程阀 12 发出的信号经延时控制换向阀（由单向节流阀 11、气容 10、二位四通气控换向阀 8 组成）延时后使二位四通气控换向阀 8 切换至左位，二位四通气控换向阀 8 的输出信号使三位五通气控换向阀 9 和二位三通气控换向阀 6 切换至右位，于是减压阀 3 输出的低压气体经二位三通气控换向阀 6、三位五通气控换向阀 9 与单向节流阀 15 到达计量气缸 A 的有杆腔，计量气缸 A 的活塞杆带着计量箱以单向节流阀 16 调定的速度退回。退回过程中，计量箱侧面的挡块碰到行程阀 13 时，行程阀 13 发出的信号使二位四通气控换向阀 7 切换至右位，使止动气缸 B 的活塞杆退回，于是传送带又恢复供料，如此进入下一循环。

●●●　项目技能训练　●●●

技能训练 20：机床夹具气动系统的装调

本项目包括 1 个技能训练，详见随书提供的技能训练手册。

●●●　项目拓展与自测　●●●

【拓展作业】

某数控加工中心气动换刀系统原理图如图 10-5 所示，其工作原理是：气缸 A 实现定位，气缸 B 实现夹紧和松开，气缸 C 实现插刀和拔刀。请写出完成各动作的气体流动路线。

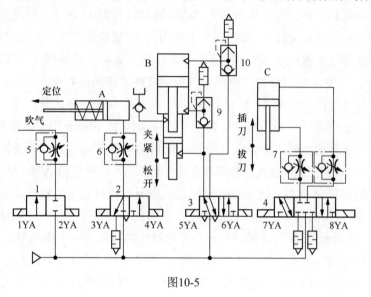

图10-5

【线上自测】

选择题

1. 机械手气动系统中的水平气缸 B 是（　　　）。

   A. 单作用气缸　　　　　　　B. 双作用气缸　　　　　　　C. 组合气缸

2. 计量装置气动系统（见图 10-4）中的换向阀（　　）不是气动控制方式。

   A. 6　　　　　　　　　　　B. 7　　　　　　　　　　　C. 17

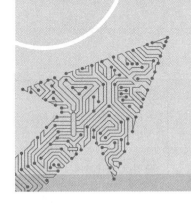

●●● 附录 A　常用液压与气动元件符号 ●●●

（摘自 GB/T 786.1—2021）

1. 控制机构

图形符号	说明	图形符号	说明
	带有可拆卸把手和锁定要素的控制机构		带有可调行程限位的推杆
	带有定位的推/拉控制机构		带有手动越权锁定的控制机构
	带有 5 个锁定位置的旋转控制机构		用于单向行程控制的滚轮杠杆
	使用步进电机的控制机构		带有一个线圈的电磁铁（动作指向阀芯）
	带有一个线圈的电磁铁（动作背离阀芯）		带有两个线圈的电气控制装置（一个动作指向阀芯，另一个动作背离阀芯）
	带有一个线圈的电磁铁（动作指向阀芯，连续控制）		带有一个线圈的电磁铁（动作背离阀芯，连续控制）
	带两个线圈的电气控制装置（一个动作指向阀芯，另一个动作背离阀芯，连续控制）		外部供油的电液先导控制机构
	机械反馈		外部供油的带有两个线圈的电液两级先导控制机构（双向工作，连续控制）

2. 方向控制阀

图形符号	说明	图形符号	说明
	二位二通方向控制阀（双向流动，推压控制，弹簧复位，常闭）		二位二通方向控制阀（电磁铁控制，弹簧复位，常开）
	二位四通方向控制阀（电磁铁控制，弹簧复位）		二位三通方向控制阀（带有挂锁）

续表

图形符号	说明	图形符号	说明
	二位三通方向控制阀（单向行程的滚轮杠杆控制，弹簧复位）		二位三通方向控制阀（单电磁铁控制，弹簧复位）
	二位三通方向控制阀（单电磁铁控制，弹簧复位，手动越权锁定）		二位四通方向控制阀（单电磁铁控制，弹簧复位，手动越权锁定）
	二位四通方向控制阀（双电磁铁控制，带有锁定机构，也称脉冲阀）		二位四通方向控制阀（电液先导控制，弹簧复位）
	三位四通方向控制阀（电液先导控制，先导级电气控制，主级液压控制，先导级和主级弹簧对中，外部先导供油，外部先导回油）		三位四通方向控制阀（双电磁铁控制，弹簧对中）
	二位四通方向控制阀（液压控制，弹簧复位）		三位四通方向控制阀（液压控制，弹簧对中）
	二位五通方向控制阀（双向踏板控制）		三位五通方向控制阀（手柄控制，带有定位机构）
	二位三通方向控制阀（电磁控制，无泄漏，带有位置开关）		二位三通方向控制阀（电磁控制，无泄漏）

3. 压力控制阀

图形符号	说明	图形符号	说明
	溢流阀（直动式，开启压力由弹簧调节）		顺序阀（直动式，手动调节设定值）
	顺序阀（带有旁通单向阀）		二通减压阀（直动式，外泄型）
	二通减压阀（先导式，外泄型）		防气蚀溢流阀（用来保护两条供压管路）
	蓄能器充液阀		电磁溢流阀（由先导式溢流阀与电磁换向阀组成，通电建立压力，断电卸荷）
	三通减压阀（超过设定压力时，通向油箱的出口开启）		

4. 流量控制阀

图形符号	说明	图形符号	说明
	节流阀		单向节流阀
	流量控制阀（滚轮连杆控制，弹簧复位）		二通流量控制阀（开口度预设置，单向流动，流量特性基本与压降和黏度无关，带有旁路单向阀）
	三通流量控制阀（开口度可调节，将输入流量分成固定流量和剩余流量）		分流阀（将输入流量分成两路输出流量）
	集流阀（将两路输入流量合成一路输出流量）		

5. 单向阀和梭阀

图形符号	说明	图形符号	说明
	单向阀（只能在一个方向自由流动）		单向阀（带有弹簧，只能在一个方向自由流动，常闭）
	液控单向阀（带有弹簧，先导压力控制，双向流动）		双液控单向阀
	梭阀（逻辑为"或"，压力高的入口自动与出口接通）		

6. 比例方向控制阀

图形符号	说明	图形符号	说明
	比例方向控制阀（直动式）		比例方向控制阀（直动式）
	比例方向控制阀（主级和先导级位置闭环控制，集成电子器件）		伺服阀（主级和先导级位置闭环控制，集成电子器件）
	伺服阀（先导级带双线圈电气控制机构，双向连续控制，阀芯位置机械反馈到先导级，集成电子器件）		伺服阀控缸（伺服阀由步进电机控制，液压缸带有机械位置反馈）
	伺服阀（带有电源失效情况下的预留位置，电反馈，集成电子器件）		

175

7. 比例压力控制阀

图形符号	说明	图形符号	说明
	比例溢流阀（直动式，通过电磁铁控制弹簧来控制）		比例溢流阀（直动式，电磁铁直接控制，集成电子器件）
	比例溢流阀（直动式，带有电磁铁位置闭环控制，集成电子器件）		比例溢流阀（带有电磁铁位置反馈的先导控制，外泄型）
	三通比例减压阀（带有电磁铁位置闭环控制，集成电子器件）		比例溢流阀（先导式，外泄型，带有集成电子器件，附加先导级以实现手动调节压力或最高压力下的溢流功能）
	比例流量控制阀（直动式）		比例流量控制阀（直动式，带有电磁铁位置闭环控制，集成电子器件）
	比例流量控制阀（先导式，主级和先导级位置控制，集成电子器件）		比例节流阀（不受黏度变化影响）

8. 二通盖板式插装阀

图形符号	说明	图形符号	说明
	压力控制和方向控制插装阀插件（锥阀结构，面积比1:1）		压力控制和方向控制插装阀插件（锥阀结构，常开，面积比1:1）
	方向控制插装阀插件（带节流端的锥阀结构，面积比≤0.7）		方向控制插装阀插件（带节流端的锥阀结构，面积比>0.7）

9. 泵和马达

图形符号	说明	图形符号	说明
	变量泵（顺时针单向旋转）		变量泵（双向流动，带有外泄油路，顺时针单向旋转）
	变量泵/马达（双向流动，带有外泄油路，双向旋转）		定量泵/马达（顺时针单向旋转）
	手动泵（限制旋转角度，手柄控制）		摆动执行器/旋转驱动装置（带有限制旋转角度功能，双作用）

续表

图形符号	说明	图形符号	说明
	变量泵（先导控制，带有压力补偿功能，外泄油路，顺时针单向旋转）		变量泵（带有复合压力/流量控制，负载敏感型，外泄油路，顺时针单向驱动）

10. 缸

图形符号	说明	图形符号	说明
	单作用单杆缸（靠弹簧力回程，弹簧腔带连接油口）		双作用单杆缸
	双作用双杆缸（活塞杆直径不同，双侧缓冲，右侧缓冲带调节）		双作用膜片缸（带有预定行程限位器）
	单作用膜片缸（活塞杆终端带有缓冲，带排气口）		单作用柱塞缸
	单作用多级缸		双作用多级缸
	双作用磁性无杆缸（仅右边终端带有位置开关）		行程两端带有定位的双作用缸
	双作用双杆缸（左终点带有内部限位开关，内部机械控制，右终点带有外部限位开关，由活塞杆触发）		单作用气-液压力转换器（将气体压力转换为等值的液体压力）
p_1 p_2	单作用增压器（将气体压力 p_1 转换为更高的液体压力 p_2）		

11. 气源装置与气动辅件

图形符号	说明	图形符号	说明
	空气压缩机		气源处理装置第一个图为详细示意图，第二个图为简化图
	手动排水分离器		带有手动排水分离器的过滤器

续表

图形符号	说明	图形符号	说明
	空气干燥器		油雾器
	气罐		

12. 气马达

图形符号	说明	图形符号	说明
	气马达		气马达（双向流通，固定排量，双向旋转）

附录 B FluidSIM 仿真软件简介

FluidSIM 是一款专业的液压气动仿真软件，这款软件可以仿真液压气动装置运行状态，可以帮助设计师在确认设计方案前测试各种参数，适用于创建和仿真液压气动回路图等。

1. 软件界面介绍

如附图 B-1 所示，FluidSIM 软件界面由菜单栏、工具栏、元件库、绘图区 4 部分组成。

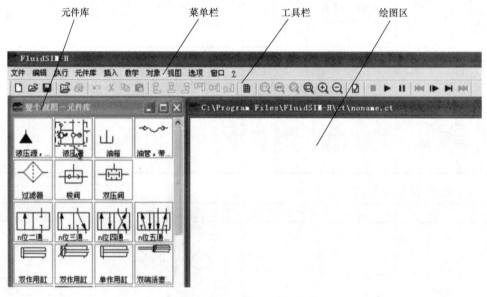

附图B-1　FluidSIM软件界面

（1）菜单栏主要包括"文件""编辑""执行""元件库""插入""教学""对象""视图""选项""窗口"菜单等。

（2）工具栏主要包括新"建文件""打开文件""保存文件""视图缩放""复制粘贴"

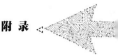

"运行"等按钮。

（3）元件库包括各种常用的液压气动元件。

（4）绘图区用来创建并运行回路。

2．基本操作

（1）元件选取

将鼠标指针移动至元件库，单击所需元件，然后保持鼠标左键按下状态，将鼠标指针移动到绘图区目标位置，释放鼠标左键，即可在绘图区放置一个元件。

（2）元件参数设置

双击绘图区的元件，可出现其相应的属性对话框，在对话框中对元件参数进行定义，定义完成后单击"确定"按钮即可。如"配置换向阀结构"对话框如附图 B-2 所示，可定义换向阀是几位几通、静止位置、控制方式、是否弹簧复位等。

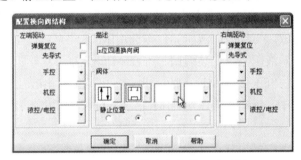

附图B-2 "配置换向阀结构"对话框

（3）回路连接

如附图 B-3 所示，每个元件上都有一个或多个圆圈代表油口。连接元件时，只需连接对应油口即可。先将鼠标指针移动到一个元件的油口处，待油口呈绿色显示，长按并移动鼠标指针到另一个需要连接的元件的油口处，待油口呈绿色显示，释放鼠标左键，两个油口就会自动连接。

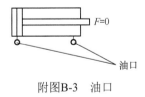

附图B-3 油口

（4）回路运行

回路创建完成后，可单击工具栏中的运行类按钮进行仿真。运行类按钮包括"连续仿真"按钮、"单步仿真"按钮、"执行到下一步"按钮、"暂停"按钮和"停止"按钮。

① 连续仿真是指能自动运行的步骤依次运行，直至结束，中间无须进行其他操作。

② 单步仿真是指执行一个步骤。

③ 执行到下一步是指自动运行到执行元件运行状态发生变化。

④ 暂停是指单击"暂停"按钮，运行停止；再次单击"暂停"按钮，继续运行。

⑤ 停止是指单击"停止"按钮，仿真结束。

参考文献

[1]张利平. 现代液压技术应用 220 例[M]. 3 版. 北京：化学工业出版社，2015.

[2]时彦林. 液压传动[M]. 3 版. 北京：化学工业出版社，2015.

[3]张勤，徐钢涛. 液压与气压传动技术[M]. 2 版. 北京：高等教育出版社，2015.

[4]苏启训，杨建东. 气动与液压控制项目训练教程[M]. 北京：高等教育出版社，2010.

[5]牛海山，浦艳敏，王春蓉. 液压元件与选用[M]. 北京：化学工业出版社，2015.

[6]衣娟，李晓红. 液压系统安装调试与维修[M]. 北京：化学工业出版社，2015.

[7]左健民. 液压与气压传动[M]. 5 版. 北京：机械工业出版社，2016.

[8]周建清，杨永年. 气动与液压实训[M]北京：机械工业出版社，2014.

目　　录

技能训练 1：液压系统压力测定

所属项目	项目 1		
训练目标	（1）理解压力是如何建立的。 （2）会进行压力单位的换算		
训练人员	班级	学号	姓名
训练时间			
训练地点			
训练设备及器材	FluidSIM 仿真软件、计算机		
训练资料	压力测定回路仿真图如图 S-1 所示。 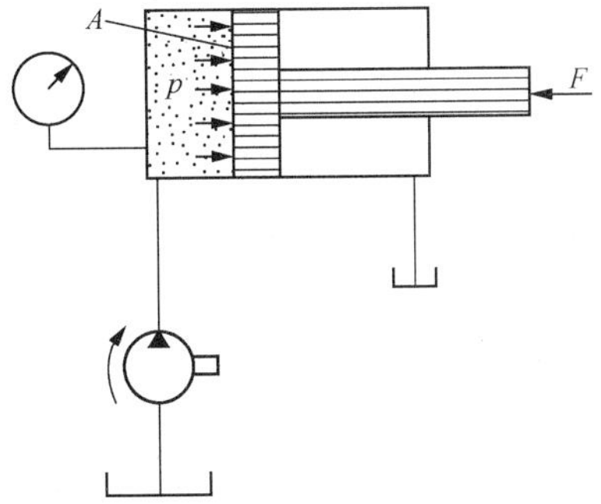 图S-1　压力测定回路仿真图		
训练内容与步骤	（1）打开 FluidSIM 仿真软件，新建回路。 （2）在元件库中找到液压源，将鼠标指针移至液压源处并按住鼠标左键，将其拖至绘图区后，释放鼠标左键。 （3）在元件库中找到油箱，将鼠标指针移至油箱处并按住鼠标左键，将其拖至绘图区后，释放鼠标左键。 （4）在元件库中找到液压缸，将鼠标指针移至液压缸处并按住鼠标左键，将其拖至绘图区后，释放鼠标左键。 （5）在元件库中找到压力表，将鼠标指针移至压力表处并按住鼠标左键，将其拖至绘图区后，释放鼠标左键。 （6）按照图 S-1，连接各个元件对应油口。 （7）双击液压缸，在其属性对话框中设置负载 F=0N，液压缸活塞面积 A=100cm^2，设置完成后关闭属性对话框，单击"运行"按钮，观察并记录压力表示数。 （8）单击"停止"按钮，停止运行。 （9）双击液压缸，在其属性对话框中设置负载 F=100N，液压缸活塞面积 A=100cm^2，设置完成后关闭属性对话框，单击"运行"按钮，观察并记录压力表示数。 （10）单击"停止"按钮，停止运行。 （11）双击液压缸，在其属性对话框中设置负载 F=500N，液压缸活塞面积 A=100cm^2，设置完成后关闭属性对话框，单击"运行"按钮，观察并记录压力表示数		
训练记录与结论	（1）F=0N，A=100cm^2，压力表示数为_____bar，等于_____MPa。 （2）F=100N，A=100cm^2，压力表示数为_____bar，等于_____MPa。 （3）F=500N，A=100cm^2，压力表示数为_____bar，等于_____MPa。		

所属项目	项目 1
发散思考	（1）液压系统中的工作压力取决于什么？ （2）怎样减少油液的压力损失？ （3）压力表上显示的是绝对压力还是相对压力？
训练评价	教师根据学生在训练过程中的综合表现进行评价，在对应评价项前打"√"表示肯定，在对应评价项前打"×"表示否定。 □ 是否准时到达训练地点？ □ 是否严格遵守纪律？ □ 是否在规定时间内完成负载设置并正确读取压力表示数？ □ 是否能正确进行压力单位换算？ □ 是否正确、完整、清晰地填写技能训练手册？ □ 是否按时提交技能训练手册？
	最终评价结果：□优秀　　　　□良好　　　　□合格　　　　□不合格 说明： 评价项都为肯定则评价结果为优秀； 评价项有 5 个为肯定则评价结果为良好； 评价项有 3 个或 4 个为肯定则评价结果为合格； 评价项有两个及以下为肯定则评价结果为不合格

技能训练 2：液压泵电机选取

所属项目	项目 2
训练目标	（1）加深对液压泵的性能参数的理解。 （2）会进行液压泵性能参数的计算。 （3）提高信息查找能力
训练人员	班级　　　　　　　　　学号　　　　　　　　　姓名
训练时间	
训练地点	
训练设备及器材	多媒体设备、计算机
训练资料	如图 S-2 所示，某液压系统所使用的液压泵的排量 V=10mL/r，液压泵的输出压力 p=5MPa，液压泵的容积效率 η_V=0.92，总效率 η=0.84，若要求电机转速 n=1200r/min，请选用合适的电机。  图S-2　液压泵电机选型图
训练内容与步骤	（1）计算液压泵的理论流量。 （2）计算液压泵的实际流量。 （3）计算液压泵的输出功率。 （4）计算液压泵的输入功率。 （5）上网查找电机标准参数，选择合适的电机
训练记录与结论	（1）计算液压泵的理论流量： （2）计算液压泵的实际流量： （3）计算液压泵的输出功率：

续表

所属项目	项目 2
训练记录与结论	（4）计算液压泵的输入功率： （5）确定液压泵电机型号：
发散思考	（1）液压泵铭牌上的压力值是它的工作压力值吗？ （2）液压泵的额定压力会随负载的变化而变化吗？其大小取决于什么？
训练评价	教师根据学生在训练过程中的综合表现进行评价，在对应评价项前打"√"表示肯定，在对应评价项前打"×"表示否定。 □ 是否准时到达训练地点？ □ 是否严格遵守纪律？ □ 是否在规定时间内完成参数计算？ □ 电机型号选取是否合适？ □ 是否正确、完整、清晰地填写技能训练手册？ □ 是否按时提交技能训练手册？
	最终评价结果：□优秀　　□良好　　□合格　　□不合格 说明： 评价项都为肯定则评价结果为优秀； 评价项有 5 个为肯定则评价结果为良好； 评价项有 3 个或 4 个为肯定则评价结果为合格； 评价项有两个及以下为肯定则评价结果为不合格

技能训练 3：液压马达转速测定

所属项目	项目 3		
训练目标	（1）加深对液压马达性能参数的理解。 （2）会计算液压马达的性能参数。 （3）会正确安装液压马达		
训练人员	班级	学号	姓名
训练时间			
训练地点			
训练设备及器材	计算机、FluidSIM 仿真软件		
训练资料	液压马达转速测定回路仿真图如图 S-3 所示。 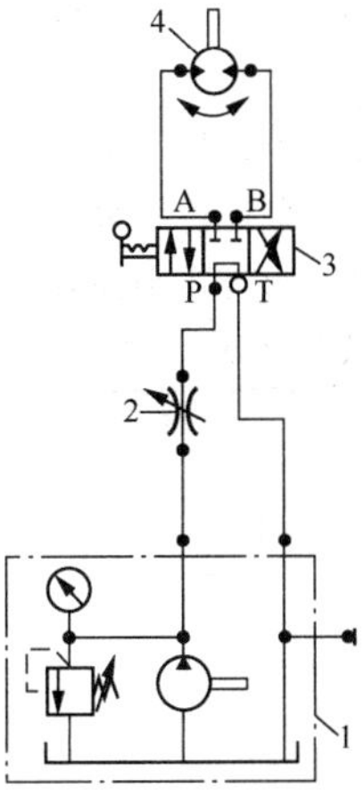 1—液压源　2—节流阀　3—三位四通换向阀　4—液压马达 图S-3　液压马达转速测定回路仿真图		
训练内容与步骤	（1）打开 FluidSIM 仿真软件，新建图 S-3 所示的液压马达转速测定回路仿真图。 （2）双击节流阀 2，将其开度设置为 0，单击"运行"按钮，运行回路，观察流量计示数及液压马达转速，单击"停止运行"按钮，停止回路运行。 （3）双击节流阀 2，将其开度设置为 30%，单击"运行"按钮，运行回路，观察流量计示数及液压马达转速，单击"停止运行"按钮，停止回路运行。 （4）双击节流阀 2，将其开度设置为 70%，单击"运行"按钮，运行回路，观察流量计示数及液压马达转速，单击"停止运行"按钮，停止回路运行。 （5）双击节流阀 2，将其开度设置为 100%，单击"运行"按钮，运行回路，观察流量计示数及液压马达转速，单击"停止运行"按钮，停止回路运行		
训练记录与结论	节流阀开度为 0 时，运行回路，流量计示数为_____，液压马达转速为_____。 节流阀开度为 30% 时，流量计示数为_____，液压马达转速为_____。 节流阀开度为 70% 时，流量计示数为_____，液压马达转速为_____。 节流阀开度为 100% 时，流量计示数为_____，液压马达转速为_____。 液压马达转速与_____和_____有关		

所属项目	项目 3
发散思考	若要改变液压马达转速，可以通过哪些方法实现？
训练评价	教师根据学生在训练过程中的综合表现进行评价，在对应评价项前打"√"表示肯定，在对应评价项前打"×"表示否定。 □ 是否准时到达训练地点？ □ 是否严格遵守纪律？ □ 是否在规定时间内完成节流阀设置？ □ 是否能正确读取流量计示数和液压马达转速？ □ 是否正确、完整、清晰地填写技能训练手册？ □ 是否按时提交技能训练手册？
	最终评价结果：□优秀　　　　□良好　　　　□合格　　　　□不合格 说明： 评价项都为肯定则评价结果为优秀； 评价项有 5 个为肯定则评价结果为良好； 评价项有 3 个或 4 个为肯定则评价结果为合格； 评价项有两个及以下为肯定则评价结果为不合格

技能训练 4：机床液压缸流量计算

所属项目	项目 3
训练目标	（1）会进行液压缸参数计算。 （2）提高计算能力。 （3）培养认真细致的工作态度
训练人员	班级　　　　　　学号　　　　　　姓名
训练时间	
训练地点	
训练设备及器材	
训练资料	某卧式钻镗专用机床液压系统需完成"快进→工进→快退→原位停止"的工作循环，采用单活塞杆双作用活塞缸，活塞直径为 80cm，快进时活塞缸差动连接，速度为 5m/min，工进时活塞缸解除差动连接，速度为 5cm/min，快退速度与快进速度相等。请计算单活塞杆双作用活塞缸在不同工况下所需要的流量
训练内容与步骤	（1）计算活塞杆直径。 （2）计算快进时的有效工作面积。 （3）计算快进时所需流量。 （4）计算工进时的有效工作面积。 （5）计算工进时所需流量。 （6）计算快退时的有效工作面积。 （7）计算快退时所需流量。
训练记录与结论	请计算活塞杆直径： 请计算快进时的有效工作面积： 请计算快进时所需流量： 请计算工进时的有效工作面积： 请计算工进时所需流量：

所属项目	项目3
训练记录与结论	请计算快退时的有效工作面积： 请计算快退时所需流量：
发散思考	（1）若采用双活塞杆双作用式活塞缸，是否能完成所需工作循环？ （2）常用的液压缸的品牌、型号及参数有哪些？
训练评价	教师根据学生在训练过程中的综合表现进行评价，在对应评价项前打"√"表示肯定，在对应评价项前打"×"表示否定。 □ 是否准时到达训练地点？ □ 是否严格遵守纪律？ □ 是否在规定时间内完成液压缸不同工况下有效工作面积及所需流量计算？ □ 是否正确、完整、清晰地填写技能训练手册？ □ 是否按时提交技能训练手册？
	最终评价结果：□优秀　　　□良好　　　□合格　　　□不合格 说明： 评价项都为肯定则评价结果为优秀； 评价项有4个肯定则评价结果为良好； 评价项有3个为肯定则评价结果为合格； 评价项有两个及以下为肯定则评价结果为不合格

技能训练 5：液压阀的识别

所属项目	项目 4
训练目标	（1）会识别不同类型的液压阀。 （2）会绘制不同类型液压阀的图形符号。 （3）会辨别液压阀的油口。 （4）培养认真细致、精益求精的工匠精神

训练人员	班级		学号		姓名	

训练时间	
训练地点	

训练设备及器材	三位四通 O 型中位手动换向阀（1 个）、三位四通 H 型中位电磁换向阀（1 个）、液控单向阀（1 个）、单向阀（1 个）、直动式溢流阀（1 个）、直动式减压阀（1 个）、直动式顺序阀（1 个）、压力继电器（1 个）、节流阀（1 个）、调速阀（1 个）
训练内容与步骤	1．方向控制阀识别 （1）从元件库中找到三位四通 O 型中位手动换向阀，绘制其图形符号，辨别其油口，说出哪个油口接液压泵，哪个油口接油箱。 （2）从元件库中找到三位四通 H 型中位电磁换向阀，绘制其图形符号，辨别其油口，说出其中位机能有何特点。 （3）从元件库中找到液控单向阀，绘制其图形符号，辨别其油口，说出哪个是进油口，哪个是出油口，哪个是外控油口。 （4）从元件库中找到单向阀，绘制其图形符号，辨别其油口，说出哪个是进油口，哪个是出油口。 2．压力控制阀识别 （1）从元件库中找到直动式溢流阀，绘制其图形符号，辨别其油口，说出哪个是进油口，哪个是出油口。 （2）从元件库中找到直动式减压阀，绘制其图形符号，辨别其油口，说出哪个是进油口，哪个是出油口。 （3）从元件库中找到直动式顺序阀，绘制其图形符号，辨别其油口，说出哪个是进油口，哪个是出油口。 （4）从元件库中找到压力继电器，并绘制其图形符号。 3．流量控制阀识别 （1）从元件库中找到节流阀，绘制其图形符号，辨别其油口，说出哪个是进油口，哪个是出油口。 （2）从元件库中找到调速阀，绘制其图形符号，辨别其油口，说出哪个是进油口，哪个是出油口
训练记录与结论	1．方向控制阀识别 请绘制三位四通 O 型中位手动换向阀、三位四通 H 型中位电磁换向阀、液控单向阀、单向阀的图形符号。

续表

所属项目	项目 4
训练记录与结论	2．压力控制阀识别 请绘制直动式溢流阀、直动式减压阀、直动式顺序阀的图形符号。 3．流量控制阀识别 请绘制节流阀、调速阀的图形符号。
发散思考	（1）你找到的三位四通 O 型中位手动换向阀是弹簧复位式还是钢球定位式？ （2）O 型中位机能是否能实现液压泵卸荷？ （3）H 型中位机能是否能实现执行元件锁紧？ （4）若将直动式溢流阀出油口接液压泵、进油口接油箱，是否能起到保护液压泵的作用？为什么？ （5）若调速阀的进油口、出油口接反是否还可以保持流量稳定？为什么？
训练评价	教师根据学生在训练过程中的综合表现进行评价，在对应评价项前打"√"表示肯定，在对应评价项前打"×"表示否定。 □ 是否准时到达训练地点？ □ 是否严格遵守纪律？ □ 是否按要求从元件库中找到正确的液压阀？ □ 是否在规定时间内正确绘制各种液压阀的图形符号？ □ 是否能正确辨别不同液压阀的油口？ □ 是否正确、完整、清晰地填写技能训练手册？ □ 是否按时提交技能训练手册？
	最终评价结果：□优秀　　　　□良好　　　　□合格　　　　□不合格 说明： 评价项都为肯定则评价结果为优秀； 评价项有 5 个或 6 个为肯定则评价结果为良好； 评价项有 3 个或 4 个为肯定则评价结果为合格； 评价项有两个及以下为肯定则评价结果为不合格

技能训练 6：液压辅助元件识别与安装

所属项目	项目 5		
训练目标	（1）会识别蓄能器。 （2）会安装蓄能器。 （3）会绘制蓄能器的图形符号。 （4）会识别油箱中各元件。 （5）树立安全意识		
训练人员	班级	学号	姓名
训练时间			
训练地点			
训练设备及器材	液压实训台（1 个）、蓄能器（1 个）、单向阀（1 个）、油管（若干）		
训练内容与步骤	（1）观察油箱，记录油箱上的元件，绘制这些元件的图形符号，说明这些元件各起什么作用。 （2）从元件库中找到蓄能器，将其安装于实训台，并绘制其图形符号。 （3）将单向阀进油口接液压泵出口，单向阀出油口接蓄能器的油口 P。 （4）用油管将蓄能器的油口 T 与油箱相连。 （5）拆卸油管。 （6）将单向阀拆卸并放回元件库。 （7）将蓄能器拆卸并放回元件库。 （8）清点元件、整理资料、清扫现场		
训练记录与结论	（1）请记录油箱上的元件，绘制各元件的图形符号，并说明各元件的作用。 （2）请绘制蓄能器的图形符号。		
发散思考	（1）单向阀安装于液压泵和蓄能器之间起什么作用？ （2）你使用的油管是什么材质的？采用的是哪种管接头？		

续表

所属项目	项目 5
训练评价	教师根据学生在训练过程中的综合表现进行评价，在对应评价项前打"√"表示肯定，在对应评价项前打"×"表示否定。 □ 是否准时到达训练地点？ □ 是否严格遵守纪律？ □ 是否在规定时间内识别出各个元件并正确绘制其图形符号？ □ 是否能正确连接单向阀与蓄能器？ □ 是否能正确连接油箱与蓄能器？ □ 是否正确、完整、清晰地填写技能训练手册？ □ 是否按时提交技能训练手册？
	最终评价结果：□优秀　　　□良好　　　□合格　　　□不合格 说明： 评价项都为肯定则评价结果为优秀； 评价项有 5 个或 6 个为肯定则评价结果为良好； 评价项有 3 个或 4 个为肯定则评价结果为合格； 评价项有两个及以下为肯定则评价结果为不合格

技能训练 7：液压换向回路的装调

所属项目	项目 6		
训练目标	（1）会进行换向回路的连接。 （2）会进行换向回路的调试。 （3）树立安全意识。 （4）树立环保意识		
训练人员	班级	学号	姓名
训练时间			
训练地点			
训练设备及器材	液压实训台（1 个）、液压缸（1 个）、三位四通 O 型中位手动换向阀（1 个）、直动式溢流阀（1 个）、油管（若干）		
训练资料	换向回路装调实训图如图 S-4 所示。 图S-4　换向回路装调实训图		
训练内容与步骤	（1）从元件库中找到液压缸，将其安装于液压实训台。 （2）从元件库中找到三位四通 O 型中位手动换向阀，将其安装于液压实训台。 （3）从元件库中找到直动式溢流阀，将其安装于液压实训台。 （4）按照图 S-4 所示，依次正确连接各元件对应油口。 （5）检查直动式溢流阀调压旋钮是否松到终端，若没有则旋松。 （6）接通液压实训台电源，按下"启动"按钮，使液压泵开始运转。 （7）将三位四通 O 型中位手动换向阀手柄向左拉动，观察液压缸活塞杆状态，写出油液流动路线。 （8）活塞杆伸出一半时，松开手柄，观察液压缸活塞杆状态，写出油液流动路线。 （9）将三位四通 O 型中位手动换向阀手柄向右拉动，观察液压缸活塞杆状态，写出油液流动路线。 （10）调整液压缸活塞杆使其缩回至最左端，旋松直动式溢流阀调压旋钮，使油液压力降为零。 （11）按下"停止"按钮，使液压泵停止运转后关闭液压实训台电源。 （12）在断电状态下拆卸元件并将元件放回元件库。 （13）清点元件、整理资料、清扫现场。		
训练记录与结论	（1）将三位四通 O 型中位手动换向阀手柄向左拉动时，液压缸活塞杆_____。 A．向左缩回　　　　B．向右伸出　　　　C．静止不动 请写出此时油液流动路线：		

续表

所属项目	项目6
训练记录与 结论	（2）当活塞杆伸出一半时，松开手柄，液压缸活塞杆_____。 A．向左缩回　　　　B．向右伸出　　　　C．静止不动 请写出此时油液流动路线： （3）将三位四通O型中位手动换向阀手柄向右拉动时，液压缸活塞杆_____。 A．向左缩回　　　　B．向右伸出　　　　C．静止不动 请写出此时油液流动路线： （4）换向回路的功能是：_____
发散思考	若拉动三位四通O型中位手动换向阀手柄时，液压缸运行方向与预期方向相反，其原因是什么？应如何调整？
训练评价	教师根据学生在训练过程中的综合表现进行评价，在对应评价项前打"√"表示肯定，在对应评价项前打"×"表示否定。 □ 是否准时到达训练地点？ □ 是否严格遵守纪律？ □ 是否牢固安装各元件？ □ 是否正确连接各元件的油口？ □ 是否在规定时间内完成调试并达到预期要求？ □ 是否正确、完整、清晰地填写技能训练手册？ □ 是否按时提交技能训练手册？
	最终评价结果：□优秀　　　　□良好　　　　□合格　　　　□不合格 说明： 评价项都为肯定则评价结果为优秀； 评价项有5个或6个为肯定则评价结果为良好； 评价项有3个或4个为肯定则评价结果为合格； 评价项有两个及以下为肯定则评价结果为不合格

技能训练 8：液压锁紧回路的装调

所属项目	项目 6		
训练目标	（1）会进行锁紧回路的连接。 （2）会进行锁紧回路的调试。 （3）树立安全意识。 （4）树立环保意识		
训练人员	班级	学号	姓名
训练时间			
训练地点			
训练设备及器材	液压实训台（1个）、液压缸（1个）、三位四通 H 型中位电磁换向阀（1个）、单向阀（1个）、液控单向阀（2个）、溢流阀（1个）、压力表（1个）、油管（若干）		
训练资料	锁紧回路装调实训图如图 S-5 所示。 （a）液压回路图　　　　　　（b）电路图 图S-5　锁紧回路装调实训图		
训练内容与步骤	（1）从元件库中找到液压缸，将其安装于液压实训台。 （2）从元件库中找到三位四通 H 型中位电磁换向阀，将其安装于液压实训台。 （3）从元件库中找到单向阀，将其安装于液压实训台。 （4）从元件库中找到两个液控单向阀，将其分别安装于液压实训台。 （5）从元件库中找到溢流阀，将其安装于液压实训台。 （6）按照图 S-5（a）所示，依次正确连接各元件对应油口。 （7）按照图 S-5（b）所示连接电路。 （8）检查溢流阀调压旋钮是否松开到终端，若没有则旋松。 （9）接通电源，按下"启动"按钮。 （10）打开电路控制面板电源开关，观察并记录此时电磁铁 1YA 和电磁铁 2YA 的通电、断电状态及液压缸活塞杆运动状态，写出油液流动路线。 （11）按下 SB2 开关，观察并记录此时电磁铁 1YA 和电磁铁 2YA 的通电、断电状态及液压缸活塞杆运动状态，写出油液流动路线。 （12）待活塞杆运动至最右端，按下 SB1 开关，观察并记录此时电磁铁 1YA 和电磁铁 2YA 的通电、断电状态及液压缸活塞杆运动状态，写出油液流动路线。 （13）按下 SB3 开关，观察并记录此时电磁铁 1YA 和电磁铁 2YA 的通电、断电状态及液压缸状态，写出油液流动路线。 （14）调整液压缸活塞杆缩回至最左端，旋松溢流阀调压旋钮，使油液压力降为零。 （15）按下"停止"按钮，使液压泵停止运转后关闭液压实训台电源。 （16）在断电状态下拆卸元件并将元件放回元件库。 （17）清点元件、整理资料、清扫现场		

续表

所属项目	项目 6
训练记录与结论	1. 刚打开电路控制面板电源开关时 （1）电磁铁 1YA 状态：_____。 A. 得电　　　　　　B. 失电 （2）电磁铁 2YA 状态：_____。 A. 得电　　　　　　B. 失电 （3）液压缸活塞杆运动状态：_____。 A. 向左缩回　　　B. 向右伸出　　　C. 静止不动 （4）请写出此时油液流动路线： 2. 按下 SB2 开关时 （1）电磁铁 1YA 状态：_____。 A. 得电　　　　　　B. 失电 （2）电磁铁 2YA 状态：_____。 A. 得电　　　　　　B. 失电 （3）液压缸活塞杆运动状态：_____。 A. 向左缩回　　　B. 向右伸出　　　C. 静止不动 （4）请写出此时油液流动路线： 3. 按下 SB1 开关时 （1）电磁铁 1YA 状态：_____。 A. 得电　　　　　　B. 失电 （2）电磁铁 2YA 状态：_____。 A. 得电　　　　　　B. 失电 （3）液压缸活塞杆运动状态：_____。 A. 向左缩回　　　B. 向右伸出　　　C. 静止不动 （4）请写出此时油液流动路线： 4. 按下 SB3 开关时 （1）电磁铁 1YA 状态：_____。 A. 得电　　　　　　B. 失电 （2）电磁铁 2YA 状态：_____。 A. 得电　　　　　　B. 失电 （3）液压缸活塞杆运动状态：_____。 A. 向左缩回　　　B. 向右伸出　　　C. 静止不动 （4）请写出此时油液流动路线：

续表

所属项目	项目 6
发散思考	若按下 SB2 开关时，液压缸活塞杆静止不动，可能是什么原因造成的？
训练评价	教师根据学生在训练过程中的综合表现进行评价，在对应评价项前打"√"表示肯定，在对应评价项前打"×"表示否定。 □ 是否准时到达训练地点？ □ 是否严格遵守纪律？ □ 是否牢固安装各元件？ □ 是否正确连接各元件的油口？ □ 是否在规定时间内完成调试并达到预期要求？ □ 是否正确、完整、清晰地填写技能训练手册？ □ 是否按时提交技能训练手册？
	最终评价结果：□优秀　　　□良好　　　　□合格　　　　□不合格 说明： 评价项都为肯定则评价结果为优秀； 评价项有 5 个或 6 个为肯定则评价结果为良好； 评价项有 3 个或 4 个为肯定则评价结果为合格； 评价项有两个及以下为肯定则评价结果为不合格

技能训练 9：液压减压回路的装调

所属项目	项目 6		
训练目标	（1）会进行减压回路的连接。 （2）会进行减压回路的调试。 （3）树立安全意识。 （4）树立环保意识		
训练人员	班级	学号	姓名
训练时间			
训练地点			
训练设备及器材	液压实训台（1 个）、液压缸（1 个）、二位四通电磁换向阀（1 个）、单向阀（1 个）、减压阀（1 个）、溢流阀（1 个）、压力表（2 个）、油管（若干）		
训练资料	减压回路装调实训图如图 S-6 所示。 （a）液压回路图　　　　　　　　（b）电路图 图S-6　减压回路装调实训图		
训练内容与步骤	（1）从元件库中找到液压缸、单向阀、减压阀、二位四通电磁换向阀、溢流阀，将其依次安装于液压实训台合适位置。 （2）按照图 S-6（a）所示，依次正确连接各元件对应油口。 （3）按照图 S-6（b）所示连接电路。 （4）检查溢流阀调压旋钮是否松开到终端，若没有则旋松。 （5）接通电源，按下"启动"按钮，使液压泵开始运转。 （6）旋转溢流阀调压旋钮，设置其压力为 20bar（2MPa）。 （7）旋转减压阀调压旋钮，设置其压力为 10bar（1MPa）。 （8）打开电路控制面板电源开关，观察并记录此时电磁铁 1YA 的通电、断电状态及液压缸活塞杆运动状态，读取压力表 1 和压力表 2 的示数。 （9）按下 SB2 按钮，观察并记录此时电磁铁 1YA 的通电、断电状态及液压缸活塞杆运动状态，读取压力表 1 和压力表 2 的示数。 （10）按下 SB1 按钮，观察并记录此时电磁铁 1YA 的通电、断电状态及液压缸活塞杆运动状态，读取压力表 1 和压力表 2 的示数。 （11）液压缸活塞位于最左端时，旋松溢流阀调压旋钮，使油液压力下降为零。 （12）按下"停止"按钮，使液压泵停止运转后关闭液压实训台电源。 （13）在断电状态下拆卸元件并将元件放回元件库。 （14）清点元件、整理资料、清扫现场		

所属项目	项目6
训练记录与结论	1. 打开电路控制面板电源开关时 （1）电磁铁1YA状态：_____。 A．得电　　　　　B．失电 （2）液压缸活塞杆运动状态：_____。 A．向左缩回　　　B．向右伸出　　　C．静止不动 （3）压力表1示数为_____；压力表2示数为_____。 2. 按下SB2按钮时 （1）电磁铁1YA状态：_____。 A．得电　　　　　B．失电 （2）液压缸活塞杆运动状态：_____。 A．向左缩回　　　B．向右伸出　　　C．静止不动 （3）活塞移动时，压力表1示数为_____；压力表2示数为_____。 （4）活塞停止移动时，压力表1示数为：_____；压力表2示数为_____。 3. 按下SB1按钮时 （1）电磁铁1YA状态：_____。 A．得电　　　　　B．失电 （2）液压缸活塞杆运动状态：_____。 A．向左缩回　　　B．向右伸出　　　C．静止不动 （3）活塞移动时，压力表1示数为_____；压力表2示数为_____。 （4）活塞停止移动时，压力表1示数为_____；压力表2示数为_____
训练评价	教师根据学生在训练过程中的综合表现进行评价，在对应评价项前打"√"表示肯定，在对应评价项前打"×"表示否定。 □ 是否准时到达训练地点？ □ 是否严格遵守纪律？ □ 是否牢固安装各元件？ □ 是否正确连接各元件的油口？ □ 是否在规定时间内完成调试并达到预期要求？ □ 是否正确、完整、清晰地填写技能训练手册？ □ 是否按时提交技能训练手册？ 最终评价结果：□优秀　　　□良好　　　□合格　　　□不合格 说明： 评价项都为肯定则评价结果为优秀； 评价项有5个或6个为肯定则评价结果为良好； 评价项有3个或4个为肯定则评价结果为合格； 评价项有两个及以下为肯定则评价结果为不合格

技能训练 10：液压快速运动回路的装调

所属项目	项目 6		
训练目标	（1）会进行快速运动回路的连接。 （2）会进行快速运动回路的调试。 （3）树立安全意识。 （4）树立环保意识		
训练人员	班级	学号	姓名
训练时间			
训练地点			
训练设备及器材	液压实训台（1 个）、液压缸（1 个）、三位四通 P 型中位电磁换向阀（1 个）、单向阀（1 个）、溢流阀（1 个）、油管（若干）、导线（若干）		
训练资料	快速运动回路装调实训图如图 S-7 所示。 （a）液压回路图　　　　　　　（b）电路图 图S-7　快速运动回路装调实训图		
训练内容与步骤	（1）从元件库中找到液压缸，将其安装于液压实训台。 （2）从元件库中找到单向阀，将其安装于液压实训台。 （3）从元件库中找到三位四通 P 型中位电磁换向阀，将其安装于液压实训台。 （4）从元件库中找到溢流阀，将其安装于液压实训台。 （5）按照图 S-7（a）所示，依次正确连接各元件对应油口。 （6）按照图 S-7（b）所示连接电路。 （7）检查溢流阀调压旋钮是否松开到终端，若没有则旋松。 （8）接通电源，按下"启动"按钮，使液压泵开始运转。 （9）打开电路控制面板电源开关，观察并记录此时电磁铁 1YA 和电磁铁 2YA 的通电、断电状态及液压缸活塞杆运动状态和速度快慢。 （10）活塞运动至液压缸中间位置时，按下 SB2 按钮，观察并记录此时电磁铁 1YA 和电磁铁 2YA 的通电、断电状态及液压缸活塞杆运动状态和速度快慢。 （11）活塞运动至行程终端时，按下 SB1 按钮，再按下 SB3 按钮，观察并记录此时电磁铁 1YA 和电磁铁 2YA 的通电、断电状态及液压缸活塞杆运动状态和速度快慢。 （12）液压缸活塞位于最左端时，旋松溢流阀调压旋钮，使油液压力下降为零。 （13）按下"停止"按钮，使液压泵停止运转后关闭液压实训台电源。 （14）在断电状态下拆卸元件并将元件放回元件库。 （15）清点元件、整理资料、清扫现场		

续表

所属项目	项目 6
训练记录与结论	1．打开电路控制面板电源开关时 （1）电磁铁 1YA 状态：_____。 A．得电　　　　　B．失电 （2）电磁铁 2YA 状态：_____。 A．得电　　　　　B．失电 （3）液压缸活塞杆运动状态_____。 A．向左缩回　　　B．向右伸出　　　C．静止不动 2．按下 SB2 按钮时 （1）电磁铁 1YA 状态：_____。 A．得电　　　　　B．失电 （2）电磁铁 2YA 状态：_____。 A．得电　　　　　B．失电 （3）液压缸活塞杆运动状态_____。 A．向左缩回　　　B．向右伸出　　　C．静止不动 3．按下 SB1 按钮，再按下 SB3 按钮时 （1）电磁铁 1YA 状态：_____。 A．得电　　　　　B．失电 （2）电磁铁 2YA 状态：_____。 A．得电　　　　　B．失电 （3）液压缸活塞杆运动状态_____。 A．向左缩回　　　B．向右伸出　　　C．静止不动
发散思考	哪种情况下液压缸活塞杆运动速度最快？为什么？
训练评价	教师根据学生在训练过程中的综合表现进行评价，在对应评价项前打"√"表示肯定，在对应评价项前打"×"表示否定。 □ 是否准时到达训练地点？ □ 是否严格遵守纪律？ □ 是否牢固安装各元件？ □ 是否正确连接各元件的油口？ □ 是否在规定时间内完成调试并达到预期要求？ □ 是否正确、完整、清晰地填写技能训练手册？ □ 是否按时提交技能训练手册？
	最终评价结果：□优秀　　　□良好　　　□合格　　　□不合格 说明： 评价项都为肯定则评价结果为优秀； 评价项有 5 个或 6 个为肯定则评价结果为良好； 评价项有 3 个或 4 个为肯定则评价结果为合格； 评价项有两个及以下为肯定则评价结果为不合格

技能训练 11：液压同步动作回路的装调

所属项目	项目 6		
训练目标	（1）会进行同步动作回路的连接。 （2）会进行同步动作回路的调试。 （3）树立安全意识。 （4）树立环保意识		
训练人员	班级	学号	姓名
训练时间			
训练地点			
训练设备及器材	液压实训台（1 个）、液压缸（2 个）、二位四通电磁换向阀（1 个）、单向阀（1 个）、单向调速阀（2 个）、溢流阀（1 个）、压力表（1 个）、油管（若干）、导线（若干）		
训练资料	同步动作回路装调实训图如图 S-8 所示。 （a）液压回路图　　　　　　　　　　　　（b）电路图 1—溢流阀　2—单向阀　3—二位四通电磁换向阀　4、5—液压缸　6、7—单向调速阀 图S-8　同步动作回路装调实训图		
训练内容与步骤	（1）从元件库中找到液压缸，将其安装于液压实训台。 （2）从元件库中找到单向阀，将其安装于液压实训台。 （3）从元件库中找到二位四通电磁换向阀，将其安装于液压实训台。 （4）从元件库中找到单向调速阀，将其安装于液压实训台。 （5）从元件库中找到溢流阀，将其安装于液压实训台。 （6）按照图 S-8（a）所示，依次正确连接各元件对应油口。 （7）按照图 S-8（b）所示连接电路。 （8）检查溢流阀调压旋钮是否松开至终端，若没有则旋松。 （9）接通电源，按下"启动"按钮，使液压泵开始运转。 （10）打开电路控制面板电源开关，观察并记录此时电磁铁 1YA 的通电、断电状态及液压缸活塞杆运动状态。 （11）按下 SB2 按钮，观察并记录此时电磁铁 1YA 的通电、断电状态及液压缸活塞杆运动状态，对比两个液压缸活塞杆的运行速度是否同步。若不同步，调整两个单向调速阀开度，使其同步。 （12）活塞运动至行程终点时，按下 SB1 按钮，观察并记录此时电磁铁 1YA 的通电、断电状态及液压缸活塞杆运动状态，对比两个液压缸活塞杆的运行速度是否同步。 （13）液压缸活塞位于最左端时，旋松溢流阀调压旋钮，使油液压力下降为零。 （14）按下"停止"按钮，使液压泵停止运转后关闭液压实训台电源。 （15）在断电状态下拆卸元件并将元件放回元件库。 （16）清点元件、整理资料、清扫现场		

所属项目	项目 6
训练记录与结论	1．打开电路控制面板电源开关时 （1）电磁铁 1YA 状态：_____。 A．得电　　　　　　B．失电 （2）液压缸活塞杆运动状态：_____。 A．向左缩回　　　　B．向右伸出　　　　C．静止不动 2．按下 SB2 按钮时 （1）电磁铁 1YA 状态：_____。 A．得电　　　　　　B．失电 （2）液压缸活塞杆运动状态：_____。 A．向左缩回　　　　B．向右伸出　　　　C．静止不动 （3）两个液压缸是否同步动作？若不是同步动作，通过调整单向调速阀开度是否能变成同步动作？ 3．按下 SB1 按钮时 （1）电磁铁 1YA 状态：_____。 A．得电　　　　　　B．失电 （2）液压缸活塞杆运动状态：_____。 A．向左缩回　　　　B．向右伸出　　　　C．静止不动 （3）两个液压缸是否同步动作？若不是同步动作，通过调整单向调速阀开度是否能变成同步动作？
发散思考	还有哪些方案可以实现两个液压缸的同步动作？
训练评价	教师根据学生在训练过程中的综合表现进行评价，在对应评价项前打"√"表示肯定，在对应评价项前打"×"表示否定。 □ 是否准时到达训练地点？ □ 是否严格遵守纪律？ □ 是否牢固安装各元件？ □ 是否正确连接各元件的油口？ □ 是否在规定时间内完成调试并达到预期要求？ □ 是否正确、完整、清晰地填写技能训练手册？ □ 是否按时提交技能训练手册？
	最终评价结果：□优秀　　　□良好　　　□合格　　　□不合格 说明： 评价项都为肯定则评价结果为优秀； 评价项有 5 个或 6 个为肯定则评价结果为良好； 评价项有 3 个或 4 个为肯定则评价结果为合格； 评价项有两个及以下为肯定则评价结果为不合格

技能训练12：液压顺序动作回路的装调

所属项目	项目6		
训练目标	（1）会进行顺序动作回路的连接。 （2）会进行顺序动作回路的调试。 （3）树立安全意识。 （4）树立环保意识		
训练人员	班级	学号	姓名
训练时间			
训练地点			
训练设备及器材	液压实训台（1个）、液压缸（2个）、二位四通电磁换向阀（2个）、溢流阀（1个）、行程开关（3个）、压力表（1个）、油管（若干）、导线（若干）		
训练资料	顺序动作回路装调实训图如图S-9所示。 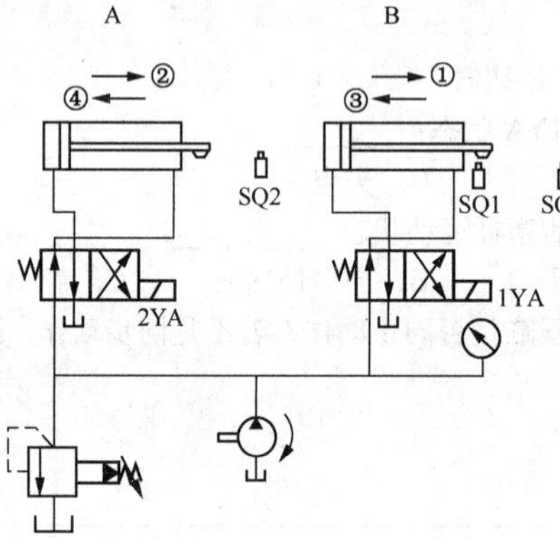 （a）液压回路图 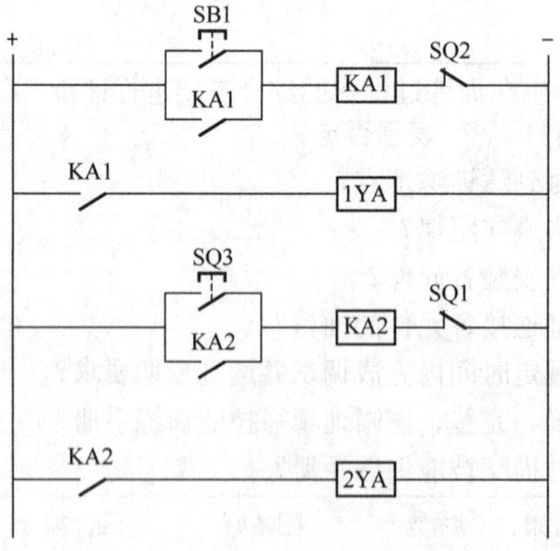 （b）电路图 图S-9　顺序动作回路装调实训图		
训练内容与步骤	（1）从元件库中找到液压缸，将其安装于液压实训台。 （2）从元件库中找到二位四通电磁换向阀，将其安装于液压实训台。 （3）从元件库中找到行程开关，将其安装于液压实训台。		

所属项目	项目 6
训练内容与步骤	（4）从元件库中找到溢流阀，将其安装于液压实训台。 （5）按照图 S-9（a）所示，依次正确连接各元件对应油口。 （6）按照图 S-9（b）所示连接电路。 （7）检查溢流阀调压旋钮是否松开到终端，若没有则旋松。 （8）接通电源，按下"启动"按钮，使液压泵开始运转。 （9）打开电路控制面板电源开关，观察并记录此时电磁铁 1YA 和电磁铁 2YA 的通电、断电状态及液压缸活塞杆运动状态。 （10）按下 SB1 按钮，观察并记录此时电磁铁 1YA 和电磁铁 2YA 的通断电状态及液压缸活塞杆运动状态。 （11）动作①完成，碰触到行程开关 SQ3 时，观察并记录此时电磁铁 1YA 和电磁铁 2YA 的通电、断电状态及液压缸活塞杆运动状态。 （12）动作②完成，碰触到行程开关 SQ2 时，观察并记录此时电磁铁 1YA 和电磁铁 2YA 的通电、断电状态及液压活塞杆运动缸状态。 （13）动作③完成，碰触到行程开关 SQ1 时，观察并记录此时电磁铁 1YA 和电磁铁 2YA 的通电、断电状态及液压缸活塞杆运动状态。 （14）动作④完成，旋松溢流阀调压旋钮，使油液压力下降为零。 （15）按下"停止"按钮，使液压泵停止运转后关闭实训台电源。 （16）保持断电状态下拆卸元件并将元件放回元件库。 （17）清点元件、整理资料、清扫现场
训练记录与结论	1. 打开电路控制面板电源开关时 （1）电磁铁 1YA 状态：_____。 A. 得电　　　　　　B. 失电 （2）电磁铁 2YA 状态：_____。 A. 得电　　　　　　B. 失电 （3）液压缸 A 活塞杆运动状态为_____。 A. 向左缩回　　　　B. 向右伸出　　　C. 静止不动 （4）液压缸 B 活塞杆运动状态为_____。 A. 向左缩回　　　　B. 向右伸出　　　C. 静止不动 2. 按下 SB1 按钮时 （1）电磁铁 1YA 状态：_____。 A. 得电　　　　　　B. 失电 （2）电磁铁 2YA 状态：_____。 A. 得电　　　　　　B. 失电 （3）液压缸 A 活塞杆运动状态为_____。　C. 静止不动 A. 向左缩回　　　　B. 向右伸出 （4）液压缸 B 活塞杆运动状态为_____。 A. 向左缩回　　　　B. 向右伸出　　　C. 静止不动 3. 动作①完成，碰触到行程开关 SQ3 时 （1）电磁铁 1YA 状态：_____。 A. 得电　　　　　　B. 失电 （2）电磁铁 2YA 状态：_____。 A. 得电　　　　　　B. 失电 （3）液压缸 A 活塞杆运动状态：_____。 A. 向左缩回　　　　B. 向右伸出　　　C. 静止不动 （4）液压缸 B 活塞杆运动状态：_____。 A. 向左缩回　　　　B. 向右伸出　　　C. 静止不动

所属项目	项目 6
训练记录与结论	4．动作②完成，碰触到行程开关 SQ2 时 （1）电磁铁 1YA 状态：_____。 A．得电　　　　　　　B．失电 （2）电磁铁 2YA 状态：_____。 A．得电　　　　　　　B．失电 （3）液压缸 A 活塞杆运动状态：_____。 A．向左缩回　　　B．向右伸出　　　C．静止不动 （4）液压缸 B 活塞杆运动状态：_____。 A．向左缩回　　　　B．向右伸出　　　C．静止不动 5．动作③完成，碰触到行程开关 SQ1 时 （1）电磁铁 1YA 状态：_____。 A．得电　　　　　　　B．失电 （2）电磁铁 2YA 状态：_____。 A．得电　　　　　　　B．失电 （3）液压缸 A 活塞杆运动状态：_____。 A．向左缩回　　　B．向右伸出　　　C．静止不动 （4）液压缸 B 活塞杆运动状态：_____。 A．向左缩回　　　B．向右伸出　　　C．静止不动
发散思考	（1）若按下 SB1 按钮后，电磁铁 1YA 未得电，可能是什么原因造成的？应如何解决？ （2）若行程开关与液压缸相对位置不合理，导致活塞杆伸出或缩回时无法碰触到行程开关，则回路是否能正常工作？若不能正常工作，应如何处理？
训练评价	教师根据学生在训练过程中的综合表现进行评价，在对应评价项前打"√"表示肯定，在对应评价项前打"×"表示否定。 □ 是否准时到达训练地点？ □ 是否严格遵守纪律？ □ 是否牢固安装各元件？ □ 是否正确连接各元件的油口？ □ 是否在规定时间内完成调试并达到预期要求？ □ 是否正确、完整、清晰地填写技能训练手册？ □ 是否按时提交技能训练手册？
	最终评价结果：□优秀　　　　□良好　　　　□合格　　　　□不合格 说明： 评价项都为肯定则评价结果为优秀； 评价项有 5 个或 6 个为肯定则评价结果为良好； 评价项有 3 个或 4 个为肯定则评价结果为合格； 评价项有两个及以下为肯定则评价结果为不合格

技能训练 13：数控机床刀库液压系统的装调

所属项目	项目 7
训练目标	（1）会进行中等复杂程度液压系统的方案设计与分析。 （2）会进行液压系统原理图绘制。 （3）会利用 FluidSIM 仿真软件对液压系统进行调试、改进。 （4）培养认真细致、精益求精的工匠精神。 （5）增强爱国意识
训练人员	班级 学号 姓名
训练时间	
训练地点	
训练设备及器材	计算机、FluidSIM 仿真软件
训练资料	大型数控机床刀库液压系统需要实现以下功能。 （1）通过液压缸带动机械机构实现刀盘定位销的插拔动作，活塞杆伸出时实现插销，活塞杆缩回时实现拔销。 （2）通过液压马达带动机械机构实现刀盘正、反转，刀盘旋转时要求速度可调。 （3）利用电磁阀与电气控制相结合实现液压缸和液压马达的换向。 （4）利用单向阀防止油液倒流回液压泵。 （5）利用减压阀实现油路压力稳定
训练内容与步骤	（1）针对液压系统要实现的功能进行方案设计，绘制出液压系统原理图。 （2）利用 FluidSIM 仿真软件完成系统搭建。 （3）系统搭建完成后进行仿真运行，验证其功能。 （4）写出实现各动作的油液流动路线。
训练记录与结论	（1）请绘制液压系统原理图。 （2）请写出实现各动作的油液流动路线。 拔销动作： 插销动作：

续表

所属项目	项目 7
训练记录与结论	刀盘正转： 刀盘反转：
训练评价	教师根据学生在训练过程中的综合表现进行评价，在对应评价项前打"√"表示肯定，在对应评价项前打"×"表示否定。 □ 是否准时到达训练地点？ □ 是否严格遵守纪律？ □ 是否在规定时间内完成液压系统原理图绘制？ □ 是否在 FluidSIM 仿真软件中完成方案验证？ □ 是否正确、完整、清晰地填写技能训练手册？ □ 是否按时提交技能训练手册？
	最终评价结果：□优秀　　□良好　　□合格　　□不合格 说明： 评价项都为肯定则评价结果为优秀； 评价项有 5 个为肯定，则评价结果为良好； 评价项有 3 个或 4 个为肯定则评价结果为合格； 评价项有两个及以下为肯定则评价结果为不合格

技能训练 14：气动元件的识别

所属项目	项目 8		
训练目标	（1）学会识别气源装置与气动辅助元件，并会绘制其图形符号。 （2）学会识别气动执行元件，并会绘制其图形符号。 （3）学会识别气动控制元件，并会绘制其图形符号。 （4）培养认真细致、精益求精的工匠精神		
训练人员	班级	学号	姓名
训练时间			
训练地点			
训练设备及器材	自动化生产线气动系统		
训练资料	自动化生产线气动系统实物图如图 S-10 所示。  图S-10　自动化生产线气动系统实物图		
训练内容与步骤	（1）观察图 S-10 所示的自动化生产线气动系统实物图。 （2）识别气源装置，记录其参数，绘制其图形符号。 （3）识别气动辅助元件，绘制其图形符号。 （4）识别气动执行元件，绘制其图形符号。 （5）识别气动控制元件，说明其功能，绘制其图形符号		
训练记录与结论	（1）请记录气源装置参数，绘制其图形符号。 （2）请记录你看到的气动辅助元件，写出其名称，并绘制其图形符号。 （3）请说明你看到的是哪一种气动执行元件，并绘制其图形符号。 （4）请记录你看到的气动控制元件，绘制其图形符号，说明其功能。		

所属项目	项目8
发散思考	常用的气动元件的主要品牌及其型号、性能参数有哪些？
训练评价	教师根据学生在训练过程中的综合表现进行评价，在对应评价项前打"√"表示肯定，在对应评价项前打"×"表示否定。 □ 是否准时到达训练地点？ □ 是否严格遵守纪律？ □ 是否能正确识别各个气动元件？ □ 是否在规定时间内完成元件的图形符号绘制？ □ 是否正确、完整、清晰地填写技能训练手册？ □ 是否按时提交技能训练手册？
	最终评价结果：□优秀　　　□良好　　　□合格　　　□不合格 说明： 评价项都为肯定则评价结果为优秀； 评价项有5个为肯定则评价结果为良好； 评价项有3个或4个为肯定则评价结果为合格； 评价项有两个及以下为肯定则评价结果为不合格

技能训练 15：气动方向控制回路的装调

所属项目	项目9
训练目标	（1）熟练进行气动方向控制回路的连接。 （2）熟练进行气动方向控制回路的调试。 （3）提高对气动回路的分析能力。 （4）提高解决问题的能力
训练人员	班级　　　　　　　　　学号　　　　　　　　　姓名
训练时间	
训练地点	
训练设备及器材	计算机、FluidSIM 仿真软件
训练资料	"逻辑或"功能回路仿真图如图 S-11 所示，"逻辑与"功能回路仿真图如图 S-12 所示。 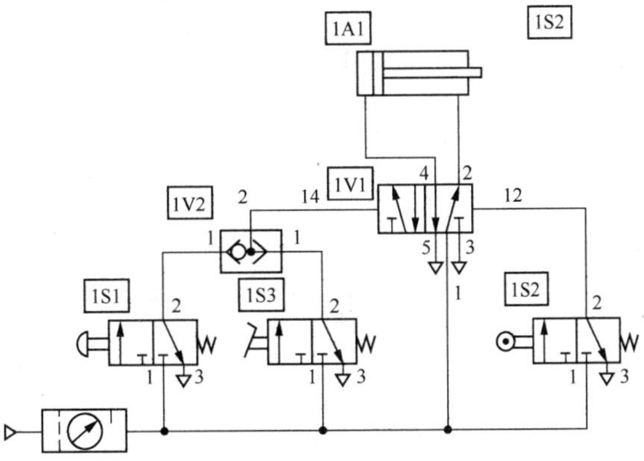 图S-11　　"逻辑或"功能回路仿真图 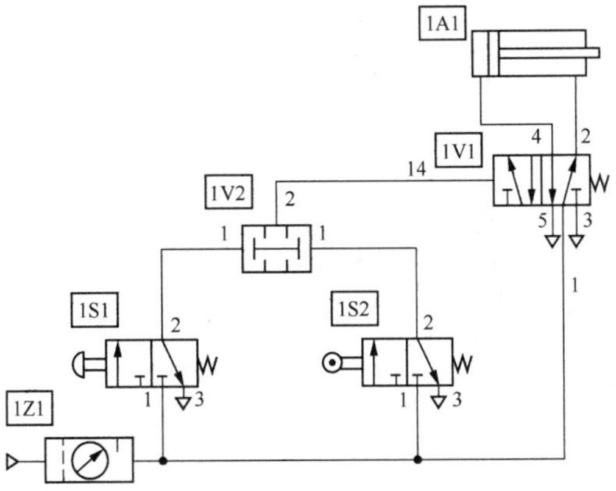 图S-12　　"逻辑与"功能回路仿真图
训练内容与步骤	1. "逻辑或"功能回路装调 （1）打开 FluidSIM 仿真软件，新建文件，在元件库中选择图 S-11 中的元件。 （2）按照图 S-11 所示连接各元件。 （3）单击"运行"按钮，观察气体流动路线及气缸活塞杆运动状态。 （4）单独按下二位三通手动换向阀 1S1 按钮，观察气体流动路线及气缸活塞杆运动状态。

所属项目	项目 9
训练内容与步骤	（5）单独按下二位三通手动换向阀 1S3 按钮，观察气体流动路线及气缸活塞杆运动状态。 （6）单击"停止"按钮，停止运行。 2."逻辑与"功能回路装调 （1）打开 FluidSIM 仿真软件，新建文件，在元件库中选择图 S-12 中的元件。 （2）按照图 S-12 所示连接各元件。 （3）单击"运行"按钮，观察气体流动路线及气缸活塞杆运动状态。 （4）单独按下二位三通手动换向阀 1S1 按钮，观察气体流动路线及气缸活塞杆运动状态。 （5）同时将二位三通手动换向阀 1S1 和二位三通手动换向阀 1S2 切换到左位，观察气体流动路线及气缸活塞杆运动状态
训练记录与结论	1."逻辑或"功能回路装调 初始状态下，气缸活塞杆运动状态为＿＿＿＿＿＿＿＿＿＿（向左移动、向右移动、静止不动）。 单独按下二位三通手动换向阀 1S1 按钮，梭阀 1V2 的气口 2＿＿＿＿＿＿（有、无）气体输出，二位五通换向阀 1V1＿＿＿＿＿＿＿（左、右）位工作，气缸活塞杆运动状态为＿＿＿＿＿＿＿＿＿＿（向左移动、向右移动、静止不动）；气缸移动至最右端，二位三通手动换向阀 1S2＿＿＿＿＿＿＿（左、右）位工作，二位五通换向阀 1V1＿＿＿＿＿＿＿（左、右）位工作，气缸活塞杆运动状态为＿＿＿＿＿＿＿＿＿＿（向左移动、向右移动、静止不动）。 单独按下二位三通手动换向阀 1S3 按钮，梭阀 1V2 的气口 2＿＿＿＿＿＿（有、无）气体输出，二位五通换向阀 1V1＿＿＿＿＿＿＿（左、右）位工作，气缸活塞杆运动状态为＿＿＿＿＿＿＿＿＿＿（向左移动、向右移动、静止不动）；气缸移动至最右端，二位三通手动换向阀 1S2＿＿＿＿＿＿＿（左、右）位工作，二位五通换向阀 1V1＿＿＿＿＿＿＿（左、右）位工作，气缸活塞杆运动状态为＿＿＿＿＿＿＿＿＿＿（向左移动、向右移动、静止不动）。 2."逻辑与"功能回路装调 初始状态下，气缸活塞杆运动状态为＿＿＿＿＿＿＿＿＿＿（向左移动、向右移动、静止不动）。 单独按下二位三通手动换向阀 1S1 按钮，阀 1V2 的气口 2＿＿＿＿＿＿（有、无）气体输出，二位五通换向阀 1V1＿＿＿＿＿＿＿（左、右）位工作，气缸活塞杆运动状态为＿＿＿＿＿＿＿＿＿（向左移动、向右移动、静止不动）。 同时将二位三通手动换向阀 1S1 和二位三通手动换向阀 1S2 切换到左位，阀 1V2 的气口 2＿＿＿＿＿＿（有、无）气体输出，二位五通换向阀 1V1＿＿＿＿＿＿＿（左、右）位工作，气缸活塞杆运动状态为＿＿＿＿＿＿＿＿＿＿（向左移动、向右移动、静止不动）
发散思考	在"逻辑或"功能回路中，若二位三通手动换向阀 1S1、二位三通手动换向阀 1S3 中的一个损坏，气缸能否完成动作？
训练评价	教师根据学生在训练过程中的综合表现进行评价，在对应评价项前打"√"表示肯定，在对应评价项前打"×"表示否定。 □ 是否准时到达训练地点？ □ 是否严格遵守纪律？ □ 是否在规定时间内完成回路组装与调试？ □ 是否能实现回路的预期功能？ □ 是否正确、完整、清晰地填写技能训练手册？ □ 是否按时提交技能训练手册？
	最终评价结果：□优秀　　　□良好　　　□合格　　　□不合格 说明： 评价项都为肯定则评价结果为优秀； 评价项有 5 个为肯定则评价结果为良好； 评价项有 3 个或 4 个为肯定则评价结果为合格； 评价项有两个及以下为肯定则评价结果为不合格

技能训练 16：气动压力控制回路的装调

所属项目	项目 9		
训练目标	（1）熟练进行气动压力控制回路的连接。 （2）熟练进行气动压力控制回路的调试。 （3）提高对气动回路的分析能力。 （4）树立安全意识		
训练人员	班级	学号	姓名
训练时间			
训练地点			
训练设备及器材	计算机、FluidSIM 仿真软件		
训练资料	气动压力控制回路仿真图如图 S-13 所示。 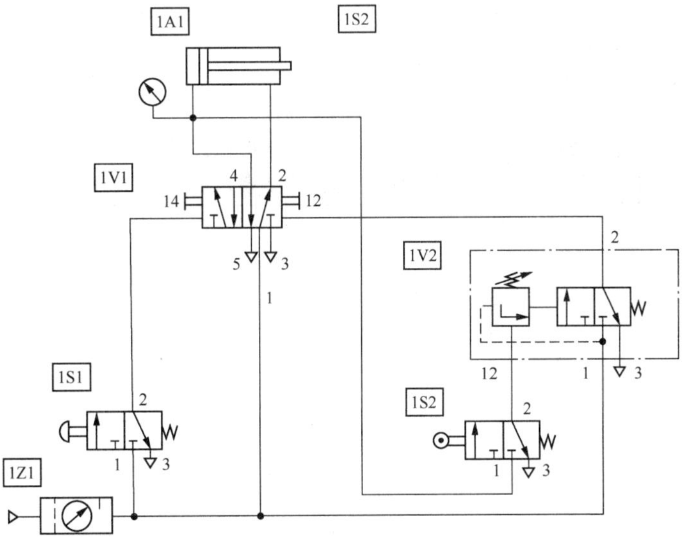 图S-13　气动压力控制回路仿真图		
训练内容与步骤	（1）打开 FluidSIM 仿真软件，从元件库中选择图 S-13 中的元件。 （2）按照图 S-13 所示连接各元件。 （3）双击气缸，在行程终点设置标签为 1S2。 （4）双击行程阀控制处，设置标签为 1S2。 （5）单击"运行"按钮，单击二位三通手动换向阀 1S1 按钮，观察气体流动路线及气缸活塞运动状态。 （6）运行完毕，单击"停止"按钮		
训练记录与结论	（1）初始状态下，二位三通手动换向阀 1S1 右位工作时，二位五通气控换向阀 1V1_____（左、右）位工作，气缸活塞位于最____（左、右）端。 （2）按下二位三通手动换向阀 1S1 按钮，将其切换至左位工作，二位五通气控换向阀 1V1_____（左、右）位工作，气缸活塞_____（向左移动、向右移动、静止不动）。 （3）气缸活塞运动至行程终点后，行程阀 1S2_____（左、右）位工作，顺序阀_____（开启、关闭），二位五通气控换向阀 1V1_____（左、右）位工作，气缸活塞_____（向左移动、向右移动、静止不动）		

所属项目	项目 9
发散思考	若顺序阀阀芯卡住无法开启，气缸活塞杆能否缩回？
训练评价	教师根据学生在训练过程中的综合表现进行评价，在对应评价项前打"√"表示肯定，在对应评价项前打"×"表示否定。 □ 是否准时到达训练地点？ □ 是否严格遵守纪律？ □ 是否在规定时间内完成回路组装与调试？ □ 是否能实现回路的预期功能？ □ 是否正确、完整、清晰地填写技能训练手册？ □ 是否按时提交技能训练手册？
	最终评价结果：□优秀　　　　□良好　　　　□合格　　　　□不合格 说明： 评价项都为肯定则评价结果为优秀； 评价项有 5 个为肯定则评价结果为良好； 评价项有 3 个或 4 个为肯定则评价结果为合格； 评价项有两个及以下为肯定则评价结果为不合格

技能训练 17：气动速度控制回路的装调

所属项目	项目 9
训练目标	（1）熟练进行气动速度控制回路的连接。 （2）熟练进行气动速度控制回路的调试。 （3）提高对回路的分析能力。 （4）树立安全意识
训练人员	班级 学号 姓名
训练时间	
训练地点	
训练设备及器材	计算机、FluidSIM 仿真软件
训练资料	气动调速回路仿真图如图 S-14 所示，气动快速运动回路仿真图如图 S-15 所示。 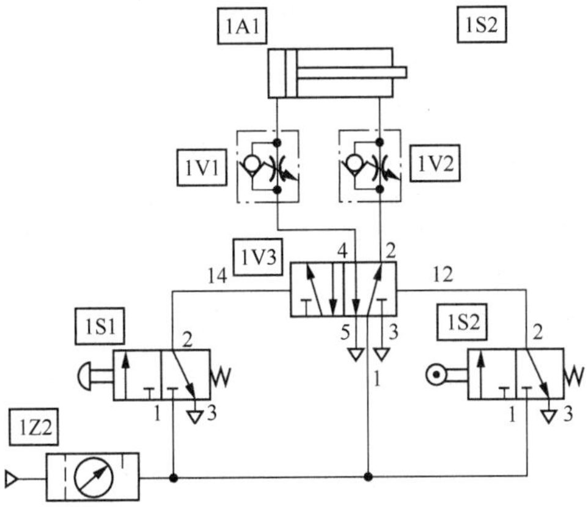 图S-14　气动调速回路仿真图 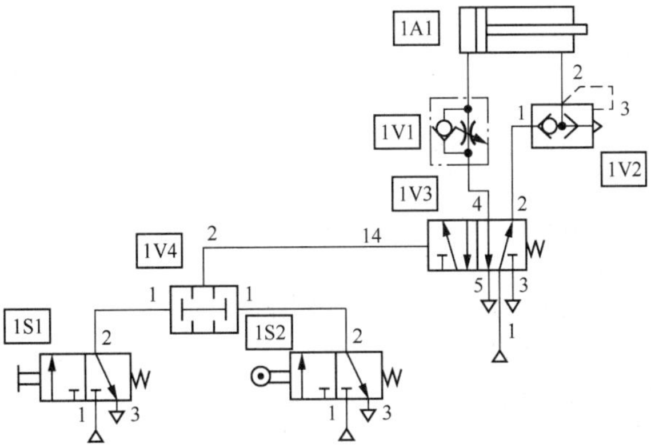 图S-15　气动快速运动回路仿真图
训练内容与步骤	1. 气动调速回路装调 （1）打开 FluidSIM 仿真软件，按照图 S-14 所示，从元件库中选取元件。 （2）按照图 S-14 所示，连接各元件。

续表

所属项目	项目 9
训练内容与步骤	（3）设置单向节流阀 1V1 开度为 50%，设置单向节流阀 1V2 开度为 50%，单击"运行"按钮，运行回路，观察气体流动路线和气缸活塞杆向右伸出和向左缩回的速度。 （4）停止运行回路，设置单向节流阀 1V1 开度为 50%，设置单向节流阀 1V2 开度为 100%，再次运行回路，观察气体流动路线和气缸活塞杆向右伸出和向左缩回的速度。 （5）停止运行回路，设置单向节流阀 1V1 开度为 100%，设置单向节流阀 1V2 开度为 50%，再次运行回路，观察气体流动路线和气缸活塞杆向右伸出和向左缩回的速度。 2．气动快速运动回路装调 （1）打开 FluidSIM 仿真软件，按照图 S-15 所示，从元件库中选取元件。 （2）按照图 S-15 所示，连接各元件。 （3）设置单向节流阀 1V1 开度为 70%，单击"运行"按钮，将二位三通换向阀 1S1 和二位三通换向阀 1S2 都切换到左位工作，观察气体流动路线和气缸活塞杆向右伸出的速度。 （4）活塞运动至行程终点后，将阀 1S1 和阀 1S2 都切换到右位工作，观察气体流动路线和气缸活塞杆向左退回的速度
训练记录与结论	1．气动调速回路装调 单向节流阀 1V1 开度为 50%，单向节流阀 1V2 开度为 50%时，气缸活塞杆向右伸出速度为_____；向左缩回速度为_____。 单向节流阀 1V1 开度为 50%，单向节流阀 1V2 开度为 100%时，气缸活塞杆向右伸出速度为_____；向左缩回速度为_____。 单向节流阀 1V1 开度为 100%，单向节流阀 1V2 开度为 50%时，气缸活塞杆向右伸出速度为_____；向左缩回速度为_____。 气缸活塞杆向右伸出的速度由_____控制，气缸活塞杆向左缩回的速度由_____控制。 2．气动快速运动回路装调 （1）请写出气缸活塞杆向右伸出时的气体流动路线及气缸活塞杆运动速度。 （2）请写出气缸活塞杆向左退回时的气体流动路线及气缸活塞杆运动速度。
训练评价	教师根据学生在训练过程中的综合表现进行评价，在对应评价项前打"√"表示肯定，在对应评价项前打"×"表示否定。 □ 是否准时到达训练地点？ □ 是否严格遵守纪律？ □ 是否在规定时间内完成回路组装与调试？ □ 是否能实现回路的预期功能？ □ 是否正确、完整、清晰地填写技能训练手册？ □ 是否按时提交技能训练手册？ 最终评价结果：□优秀　　□良好　　□合格　　□不合格 说明： 评价项都为肯定则评价结果为优秀； 评价项有 5 个为肯定则评价结果为良好； 评价项有 3 个或 4 个为肯定则评价结果为合格； 评价项有两个及以下为肯定则评价结果为不合格

技能训练 18：气动往复动作回路的装调

所属项目	项目 9		
训练目标	（1）熟练进行气动往复动作回路的连接。 （2）熟练进行气动往复动作回路的调试。 （3）提高对气动回路的分析能力。 （4）树立安全意识		
训练人员	班级	学号	姓名
训练时间			
训练地点			
训练设备及器材	计算机、FluidSIM 仿真软件		
训练资料	气动往复动作回路仿真图如图 S-16 所示。 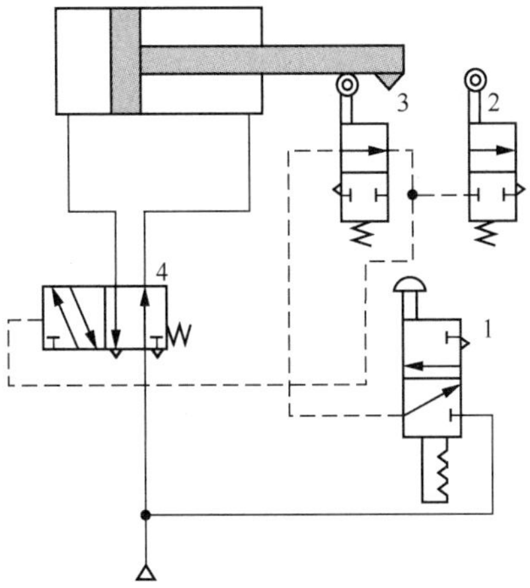 图S-16　气动往复动作回路仿真图		
训练内容与步骤	（1）打开 FluidSIM 仿真软件，从元件库中选取图 S-16 中的元件。 （2）按照图 S-16 所示连接各元件。 （3）单击"运行"按钮，运行回路，观察气体流动路线及气缸活塞运动状态。 （4）按下二位三通换向阀 1 按钮，观察气体流动路线及气缸活塞运动状态。 （5）气缸往复动作两次后，再次按下二位三通换向阀 1 按钮，观察气缸活塞运动状态。 （6）运行完毕，单击"停止"按钮，停止回路运行		
训练记录与结论	初始状态下，二位三通换向阀 1_____（上、下）位工作，二位二通换向阀 2_____（上、下）位工作，二位二通换向阀 3_____（上、下）位工作，二位五通换向阀 4_____（左、右）位工作，气缸活塞处于最_____（左、右）端。 按下二位三通换向阀 1 按钮，二位五通换向阀 4_____（左、右）位工作，气缸活塞_____（向左移动、静止不动、向右移动）。 当活塞运动至行程终点后，二位二通换向阀 2_____（上、下）位工作，二位五通换向阀 4_____（左、右）位工作，气缸活塞_____（向左移动、静止不动、向右移动）		

所属项目	项目 9
发散思考	（1）若二位二通换向阀 3 位置安装错误，导致活塞位于最左端时其阀芯未被压下，按下二位三通换向阀 1 按钮后，气缸活塞是否会向右移动？ （2）若二位二通换向阀 2 位置安装错误，导致活塞位于最右端时其阀芯未被压下，气缸活塞是否会向左移动？
训练评价	教师根据学生在训练过程中的综合表现进行评价，在对应评价项前打"√"表示肯定，在对应评价项前打"×"表示否定。 □ 是否准时到达训练地点？ □ 是否严格遵守纪律？ □ 是否在规定时间内完成回路组装与调试？ □ 是否能实现回路的预期功能？ □ 是否正确、完整、清晰地填写技能训练手册？ □ 是否按时提交技能训练手册？ 最终评价结果：□优秀　　　□良好　　　□合格　　　□不合格 说明： 评价项都为肯定则评价结果为优秀； 评价项有 5 个为肯定则评价结果为良好； 评价项有 3 个或 4 个为肯定则评价结果为合格； 评价项有两个及以下为肯定则评价结果为不合格

技能训练 19：气动顺序动作回路的装调

所属项目	项目 9
训练目标	（1）熟练进行气动顺序动作回路的连接。 （2）熟练进行气动顺序动作回路的调试。 （3）提高对气动回路的分析能力。 （4）树立安全意识

训练人员	班级		学号		姓名	

训练时间	
训练地点	
训练设备及器材	计算机、FluidSIM 仿真软件

训练资料	气动顺序动作回路仿真图如图 S-17 所示。 图S-17　气动顺序动作回路仿真图

训练内容与步骤	（1）打开 FluidSIM 仿真软件，从元件库中选取图 S-17 中的元件。 （2）按照图 S-17 所示连接各元件。 （3）单击"运行"按钮，运行回路，观察气体流动路线及气缸活塞杆运动状态。 （4）按下手动阀按钮，观察气体流动路线及气缸活塞杆运动状态

训练记录与结论	请写出气缸的顺序动作及完成各动作的气体流动路线。

发散思考	在气缸 1A2 活塞杆伸出过程中若遇到意外情况导致过载，该回路可实现过载保护，让气缸 1A2 活塞杆缩回，请问该功能是如何实现的？

所属项目	项目 9
训练评价	教师根据学生在训练过程中的综合表现进行评价，在对应评价项前打"√"表示肯定，在对应评价项前打"×"表示否定。 □ 是否准时到达训练地点？ □ 是否严格遵守纪律？ □ 是否在规定时间内完成回路组装与调试？ □ 是否能实现回路的预期功能？ □ 是否正确、完整、清晰地填写技能训练手册？ □ 是否按时提交技能训练手册？
	最终评价结果：□优秀　　　　□良好　　　　□合格　　　　□不合格 说明： 评价项都为肯定则评价结果为优秀； 评价项有 5 个为肯定则评价结果为良好； 评价项有 3 个或 4 个为肯定则评价结果为合格； 评价项有两个及以下为肯定则评价结果为不合格

技能训练 20：机床夹具气动系统的装调

所属项目	项目 10
训练目标	（1）熟练分析中等复杂程度气动系统图。 （2）能够利用 FluidSIM 仿真软件对系统性能进行验证。 （3）提高解决问题的能力
训练人员	班级　　　　　　　　学号　　　　　　　　姓名
训练时间	
训练地点	
训练设备及器材	计算机、FluidSIM 仿真软件
训练资料	机床夹具气动系统装调实训图如图 S-18 所示。 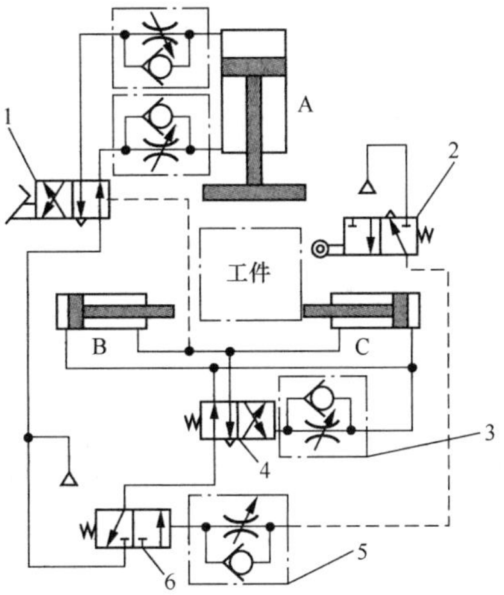 1—脚踏阀　2—行程阀　3、5—单向节流阀　4—二位四通气动阀　6—二位三通气动阀 图S-18　机床夹具气动系统装调实训图
训练内容与步骤	（1）打开 FluidSIM 仿真软件，从元件库中选取图 S-18 中的元件。 （2）按照图 S-18 所示连接各元件。 （3）双击行程阀 2 控制部分，设置标签为 1S。 （4）双击气缸，设置其行程为 200，并在行程 200 处添加标签 1S，与行程阀 2 进行关联。 （5）单击"运行"按钮，运行系统，观察并记录气体流动路线及气缸活塞杆运动状态。 （6）单击脚踏阀 1，将其切换到左位，观察并记录气体流动路线及气缸活塞杆运动状态。 （7）当气缸 A、气缸 B、气缸 C 活塞重新回到初始状态时，单击"停止"按钮，停止运行
训练记录与结论	1. 未单击脚踏阀 1，其右位工作时 （1）气缸 A 活塞杆运动状态：_____。 A. 向下移动　　　　　　B. 向上移动　　　　　　C. 静止不动 （2）气缸 B 活塞杆运动状态：_____。 A. 向左移动　　　　　　B. 向右移动　　　　　　C. 静止不动 （3）气缸 C 活塞杆运动状态：_____。 A. 向左移动　　　　　　B. 向右移动　　　　　　C. 静止不动

所属项目	项目 10
训练记录与结论	（4）写出控制气缸 A 活塞杆运动的气体流动路线。 （5）此时，气缸 B、气缸 C 内是否有压缩空气进入？ 2. 单击脚踏阀 1，将其切换到左位后 （1）写出气缸 A 活塞杆向下移动时的气体流动路线。 （2）气缸 A 活塞杆触碰行程阀 2 的控制机构，使其换位后，气缸 B、气缸 C 如何动作？ （3）气缸 B、气缸 C 活塞杆伸出夹紧工件后，何时缩回？ （4）气缸 A 活塞杆何时向上移动？
发散思考	气缸 B、气缸 C 活塞杆伸出夹紧工件后再缩回的间隔时间长短由哪个阀控制？若想延长该间隔时间应如何调整？
训练评价	教师根据学生在训练过程中的综合表现进行评价，在对应评价项前打"√"表示肯定，在对应评价项前打"×"表示否定。 □ 是否准时到达训练地点？ □ 是否严格遵守纪律？ □ 是否在规定时间内完成系统组装与调试？ □ 是否能实现系统预期功能？ □ 是否正确、完整、清晰地填写技能训练手册？ □ 是否按时提交技能训练手册？
	最终评价结果：□优秀　　　□良好　　　□合格　　　□不合格 说明： 评价项都为肯定则评价结果为优秀； 评价项有 5 个为肯定则评价结果为良好； 评价项有 3 个或 4 个为肯定则评价结果为合格； 评价项有两个及以下为肯定则评价结果为不合格